畜禽水产品加工新技术丛书

# 禽肉加工新技术

涂勇刚　饶玉林　王建永　主编

中国农业出版社

图书在版编目（CIP）数据

禽肉加工新技术/涂勇刚，饶玉林，王建永主编
.—北京：中国农业出版社，2013.1
（畜禽水产品加工新技术丛书）
ISBN 978-7-109-17408-5

Ⅰ.①禽…　Ⅱ.①涂…②饶…③王…　Ⅲ.①禽肉—
肉制品—食品加工　Ⅳ.①TS251.5

中国版本图书馆 CIP 数据核字（2012）第 277809 号

中国农业出版社出版
（北京市朝阳区农展馆北路 2 号）
（邮政编码 100125）
责任编辑　颜景辰

北京通州皇家印刷厂印刷　　新华书店北京发行所发行
2013 年 1 月第 1 版　　2013 年 1 月北京第 1 次印刷

开本：720mm×960mm 1/16　印张：13.5
字数：225 千字　印数：1～5 000 册
定价：42.00 元
（凡本版图书出现印刷、装订错误，请向出版社发行部调换）

# 本书编审人员

主　编　涂勇刚（江西农业大学）
　　　　饶玉林（上海大瀛食品有限公司）
　　　　王建永（杭州小来大农业开发集团有限公司）
副主编　徐明生（江西农业大学）
　　　　董开发（江西农业大学）
　　　　谢文锋（上海大瀛食品有限公司）
参　编　葛正广（杭州小来大农业开发集团有限公司）
　　　　肖树根（江西萧翔农业发展集团有限公司）
　　　　徐贤德（上海大瀛食品有限公司）
主　审　徐幸莲（南京农业大学）

# 序 言 >>>>>>>>>>

畜产品加工是以家畜、家禽和特种动物的产品为原料，经人工科学加工处理的过程，主要包括肉、乳、蛋、皮、毛、绒等的加工及血、骨、内脏的综合利用。

改革开放以来，我国畜产品加工事业取得了很大发展，已成为世界畜产品产销大国，肉类、蛋类、皮毛、羽绒生产总量已多年居世界首位。随着我国社会经济的发展，农业结构的调整和人民生活水平的提高，人们对畜产品的需求和期望越来越高。以市场为导向，以经济、社会和生态效益为目的，以加工企业为龙头的畜牧业产业化进程正在进一步发展壮大。畜产品加工业在国民经济发展中具有举足轻重的地位，对发展和繁荣农村经济、增加农民收入、活跃城乡市场、出口创汇和提高人民生活水平、改善食物构成、提高人民体质、增进人类健康均具重要作用。但是，我国畜产品加工业经济技术基础相对薄弱，必须依靠科技创新，大力推广新技术、新产品、新成果、新设备，传播科学技术知识，提高从业人员整体素质。

为适应新形势的需要，2002年中国农业出版社委托我会组织有关专家、教授和科技人员，在参阅大量科技文献资料的基础上，根据自己的科研成果和多年的实践经验，撰写了《畜产品加工新技术丛书》，分《猪产品加工新技术》、《牛产品加工新技术》、《禽产品加工新技术》、《羊产品加工新技术》、《兔产品加工新技术》和《特种经济动物产品加工新技术》6种。丛书自2002年出版、发行已十个年头了，期间多次重印，受到读者好评。随着我国经济社会和农业产业化飞速发展、科学技术的创新及产业结构调整，畜禽水产品加工领域已发生了深刻的变化，丛书已不能完全客观地反映和满足行业发展的需求，迫切需要修订、调整和增补。为此，经中国农业出版社同意，我会组织撰写了《畜禽水产品加工新技术丛书》，分《猪产品加工新技术》（第二版）、《禽肉加工新技术》、《蛋品加工新技术》、《牛肉加工新技术》、《羊产品加工新技术》（第二版）、《兔产品加工新技术》（第二版）、《乳品加工新技术》、《水产品加工新技术》、《特种经济动物产品加工新技术》（第二版）、《肉制品加工机械设备》和《畜禽屠宰分割加工机械设备》，共 11 本。

本丛书是在 2002 年版基础上的延伸、充实、提高和发展，旨在为从事畜禽水产品加工的教学、科研和生产企业技术人员提供简明、扼要、通俗易懂的畜禽水产品加工基本知识以及加工技术，期望该丛书成为畜禽水产品加工领域最实用、最经典的科普丛书，对提高科技人员水平、增加农民收入、发展城乡经济、推进畜禽水产品加工事业发展和促进畜牧水产业产业化进程起到有益的作用。

本丛书以组建产学研及国际合作编写平台为特色，邀请南京农业大学、华中农业大学、扬州大学、江西农业大学、北京工商大学、天津农学院、国家猪肉加工技术研发分中心、国家蛋品加工技术研发分中心、国家牛肉加工技术研发分中心、国家乳品加工技术研发分中心、卢森堡国家研究院等单位的知名专家、教授以及有丰富经验的生产企业总经理和工程技术人员参与编写，吸取企业多年经营管理经验和先进加工技术，大大充实并丰富了丛书内容。为此，对支持赞助和参与本丛书编写的杭州艾博科技工程有限公司、青岛建华食品机械制造有限公司、福建光阳蛋业股份有限公司、福州闽台机械有限公司、江西萧翔农业发展集团有限公司、青岛康大食品有限公司、上海大瀛食品有限公司、杭州小来大农业开发集团有限公司、内蒙古科尔沁牛业股份有限公司、陕西秦宝牧业股份有限公司和山东兴牛乳业有限公司表示诚挚的感谢。

本丛书适于从事畜禽水产品加工事业的广大科技人员、教学人员、管理人员、从业人员、专业户等阅读、参考，也可作为中、小型畜禽水产品加工企业和职业学校的培训教材。

中国畜产品加工研究会

2012 年 11 月

# 前　言 >>>>>>>>>>

　　我国是世界家禽饲养、生产、消费和贸易大国。目前，中国禽肉产量约占世界总产量的 20%，其中鸡肉产量占禽肉总产量的 70%以上。禽肉是一种高蛋白质、低脂肪含量的肉类，随着消费者越来越关注健康食品，使得禽肉制品必然会成为主要的肉制品。

　　为了让家禽养殖、加工者更为系统地掌握禽肉加工知识和技术，我们在参考《禽产品加工新技术》的基础上，同时查阅大量禽产品加工技术的文献资料，并结合生产实际和工作经验编写了此书。本书不但包含了禽肉的化学组成及特性、家禽屠宰及分割加工、加工辅料、各种禽类产品的加工等较为系统的内容，而且增加了目前备受关注的禽肉安全生产体系的内容。禽血、禽骨、羽绒等虽是禽类加工中的副产品，如能充分利用，不但能提高养禽业的经济效益，而且对环境保护具有重要意义。因此，本书保留了禽副产品综合利用一章。

　　本书除了高校老师参与编写外，相关企业也参与了编写，使得本书既有一定的理论基础，也具有较强的操作性。因此，本书可以作为高校畜产品加工专业教师、相关专业的科技工作者以及相关企业生产管理者的参考用书。

　　本书的出版不仅得到了各编委的积极参与和配合，而且得到了国家一级学会中国畜产品加工研究会的大力支持，也得到了参编单位领导的大力重视与支持。在此，向给予本书出版工作大力支持的各有关单位和相关人员表示衷心的感谢！

虽然本书的出版得到了各方面的大力支持，但由于编者水平有限，书中错误之处难免，恳请读者批评指正。

编 者

2012 年 10 月

# 目 录 > > > > > > > > > >

序言
前言

第一章　禽肉的化学组成及特性 …………………………………………… 1

第一节　禽肉的成分及性质 …………………………………………… 1

一、蛋白质 …………………………………………………………… 1

二、脂肪 ……………………………………………………………… 1

三、碳水化合物 ……………………………………………………… 2

四、浸出物 …………………………………………………………… 2

五、矿物质 …………………………………………………………… 2

六、维生素 …………………………………………………………… 2

七、水分 ……………………………………………………………… 3

第二节　禽肉的宰后变化 ……………………………………………… 3

一、禽肉的宰后变化 ………………………………………………… 3

二、禽肉的腐败 ……………………………………………………… 8

三、禽肉的新鲜度检验 ……………………………………………… 10

第二章　家禽的屠宰及分割加工 ………………………………………… 13

第一节　家禽的屠宰 …………………………………………………… 13

一、家禽的宰前检疫 ………………………………………………… 13

二、家禽的宰前管理 ………………………………………………… 14

三、家禽的屠宰工艺 ………………………………………………… 14

四、家禽的宰后检验 ………………………………………………… 18

五、禽肉的宰后冷却 ………………………………………………… 20

第二节　禽肉的分割与分级 …………………………………………… 21

一、禽肉的分割 ……………………………………………………… 21

二、分割肉的包装 …………………………………………………… 23

三、禽肉的分级 ……………………………………………………… 23

四、禽肉的冷加工 …………………………………………………… 25

**第三章 禽肉类加工辅助材料** ·········· 28

  **第一节 调味料** ·········· 28

    一、食盐 ·········· 28

    二、酱油 ·········· 28

    三、食糖 ·········· 29

    四、料酒 ·········· 30

    五、食醋 ·········· 30

    六、味精 ·········· 30

    七、面酱 ·········· 30

  **第二节 调香料** ·········· 31

    一、香辛料 ·········· 31

    二、混合香辛料 ·········· 34

    三、合成香料 ·········· 34

  **第三节 品质改良剂** ·········· 34

    一、发色剂 ·········· 34

    二、防腐剂 ·········· 35

    三、抗氧化剂 ·········· 36

    四、增稠剂 ·········· 36

    五、保水剂 ·········· 36

    六、乳化剂 ·········· 37

**第四章 鸡肉制品加工** ·········· 38

  **第一节 腌腊制品加工** ·········· 38

    一、风鸡 ·········· 38

    二、板鸡 ·········· 39

    三、成都元宝鸡 ·········· 40

  **第二节 酱卤制品加工** ·········· 41

    一、烧鸡 ·········· 41

    二、保定马家老鸡铺卤鸡 ·········· 44

    三、布袋鸡 ·········· 45

  **第三节 熏烧烤制品加工** ·········· 47

    一、电烤鸡 ·········· 47

二、常熟煨鸡 ……………………………………………………… 49

三、什香味鸡 ……………………………………………………… 50

四、北京天德居熏鸡 ……………………………………………… 52

五、沟帮子熏鸡 …………………………………………………… 53

六、盐焗鸡 ………………………………………………………… 54

第四节　油炸制品加工 …………………………………………… 56

一、金陵脆炸鸡 …………………………………………………… 56

二、香酥鸡块 ……………………………………………………… 57

三、油淋鸡 ………………………………………………………… 59

四、香酥鸡 ………………………………………………………… 60

五、纸包鸡 ………………………………………………………… 61

六、酥炸油鸡 ……………………………………………………… 63

七、美味鸡片酥 …………………………………………………… 64

第五节　其他制品加工 …………………………………………… 65

一、鸡肉脯 ………………………………………………………… 65

二、火鸡肉松 ……………………………………………………… 68

三、涪陵鸡松 ……………………………………………………… 70

四、杭州糟鸡 ……………………………………………………… 71

五、鸡精 …………………………………………………………… 72

六、鸡骨泥 ………………………………………………………… 74

第五章　鸭肉制品加工 …………………………………………… 76

第一节　腌腊制品加工 …………………………………………… 76

一、南京板鸭 ……………………………………………………… 76

二、江西南安板鸭 ………………………………………………… 79

三、南京琵琶鸭 …………………………………………………… 81

四、生酱鸭 ………………………………………………………… 82

五、酱香鸭腿 ……………………………………………………… 84

六、酱（腊）鸭卷 ………………………………………………… 85

七、酱（腊）鸭脯 ………………………………………………… 87

八、腊鸭腿 ………………………………………………………… 88

九、鸭肉香肠 ……………………………………………………… 88

第二节　酱卤制品加工 …………………………………………… 90

一、南京盐水鸭 …………………………………………… 90

二、樟茶鸭 …………………………………………………… 92

三、小来大酱板鸭 ………………………………………… 94

四、火腿老鸭煲 …………………………………………… 96

五、酱香鸭 …………………………………………………… 98

六、香酥鸭 …………………………………………………… 100

七、枣香鸭 …………………………………………………… 101

八、糟汁鸭 …………………………………………………… 103

九、三套鸭 …………………………………………………… 105

十、快商卤鸭 ……………………………………………… 107

十一、酱鸭肴肉 …………………………………………… 108

十二、双色酱鸭脯 ………………………………………… 110

十三、荷包拆骨鸭 ………………………………………… 111

十四、什锦布袋鸭 ………………………………………… 113

十五、蜜汁鸭肥肝 ………………………………………… 114

十六、酱汁鸭翅 …………………………………………… 116

十七、醉香鸭肠 …………………………………………… 117

第三节　熏烧烤制品加工 ……………………………………… 118

一、北京烤鸭 ……………………………………………… 118

二、小来大熏鸭 …………………………………………… 121

三、快商烤鸭 ……………………………………………… 123

四、熏鸭脯 …………………………………………………… 124

五、烧烤肉串 ……………………………………………… 125

六、啤酒烤鸭 ……………………………………………… 126

七、香酥烤鸭 ……………………………………………… 127

八、龙井茶香烤鸭 ………………………………………… 129

九、樱桃烤鸭 ……………………………………………… 130

第四节　其他制品加工 ………………………………………… 131

一、休闲鸭颈 ……………………………………………… 131

二、酱（腊）鸭舌 ………………………………………… 133

三、鸭肉串 …………………………………………………… 135

四、酱鸭掌 …………………………………………………… 136

五、无骨酱（腊）鸭掌 …………………………………… 136

六、酱（腊）鸭掌包 ……………………………………………… 138

七、腊鸭肫 ……………………………………………………… 139

八、香辣鸭掌 …………………………………………………… 140

九、川味鸭颈 …………………………………………………… 141

十、麻辣鸭头 …………………………………………………… 143

**第六章　鹅肉制品加工** ……………………………………… 146

第一节　腌腊制品加工 ………………………………………… 146

一、腊香板鹅 …………………………………………………… 146

二、鹅火腿 ……………………………………………………… 147

三、扬州风鹅 …………………………………………………… 148

四、腌鹅肫干 …………………………………………………… 149

第二节　酱卤制品加工 ………………………………………… 150

一、南京盐水鹅 ………………………………………………… 150

二、酱　鹅 ……………………………………………………… 151

三、潮汕卤水鹅 ………………………………………………… 152

第三节　熏烧烤制品加工 ……………………………………… 154

一、广东烧鹅 …………………………………………………… 154

二、广东烧鹅脚扎 ……………………………………………… 155

三、烤鹅 ………………………………………………………… 156

第四节　油炸制品加工 ………………………………………… 157

一、香酥鹅腓 …………………………………………………… 157

二、香酥鹅 ……………………………………………………… 158

三、脆皮鹅 ……………………………………………………… 159

第五节　其他制品加工 ………………………………………… 160

一、烤鹅罐头 …………………………………………………… 160

二、苏州糟鹅 …………………………………………………… 162

三、鹅肥肝酱罐头 ……………………………………………… 163

**第七章　禽副产品综合利用** ………………………………… 166

第一节　羽绒的加工利用 ……………………………………… 166

一、羽绒的采集与初加工 ……………………………………… 166

二、填充羽绒加工 ……………………………………………… 175

三、刀窝翅的利用 …………………………………………… 178

第二节　禽血、骨的加工利用 …………………………………… 181

一、血粉加工 ……………………………………………… 181

二、骨粉加工 ……………………………………………… 183

三、骨油加工 ……………………………………………… 183

四、骨胶加工 ……………………………………………… 184

第八章　禽肉安全生产体系 ………………………………… 186

一、QS 认证 ……………………………………………… 186

二、GMP ………………………………………………… 187

三、SSOP ………………………………………………… 190

四、HACCP 管理体系 …………………………………… 193

五、可追溯系统 …………………………………………… 197

参考文献 ……………………………………………………… 199

# 第一章

# 禽肉的化学组成及特性 >>>>>

## 第一节 禽肉的成分及性质

### 一、蛋白质

在肉中，蛋白质的含量仅次于水。将新鲜肌肉进行压榨所得的汁液称为肉浆（肌浆），残留的固形物便为肉基质。肌浆中的蛋白质为可溶性蛋白质，肉基质蛋白质为不溶性蛋白质。新鲜的肉中约有 20％的蛋白质，其中大部分（约 80％）以胶质状态分散并存在于肉浆中。按照蛋白质在肌肉组织中存在部位的不同，又分为肌浆中的蛋白质（占 20％～30％）、肌原纤维中的蛋白质（占 40％～60％）和间质蛋白（占 10％～20％）。

大部分禽肉蛋白质含有充足的人体必需氨基酸，而且在种类和比例上接近人体需要，易消化吸收，所以为营养价值很高的优质蛋白质。但存在于结缔组织中的少量间质蛋白，主要是胶原蛋白和弹性蛋白，其必需氨基酸组成不平衡，如色氨酸、酪氨酸、蛋氨酸含量很少，蛋白质的利用率低。

### 二、脂肪

脂肪由退化的疏松结缔组织和大量的脂肪细胞组成，它存在于家禽体内的各个部分，是影响禽肉品质的重要因素。体内的脂肪一般多贮积在皮下、肾、肠周围、腹腔内及肌肉间，使肌肉呈大理石纹状，这种肉嫩而多汁，食用价值较高。

畜禽体内的脂肪主要由甘油和脂肪酸以及少量的磷脂、胆固醇等组成。脂肪的含量随动物的种类、肥度、饲料等不同而异。脂肪的性质因家禽的种类而不同，主要受所含脂肪酸的影响。例如，含饱和脂肪酸多的脂肪，熔点高，不易消化，在常温下多呈凝固状态；含不饱和脂肪酸多的脂肪，熔点较低，易被消化，在常温下呈流体状态。

不同的动物，体内脂肪的含量和积蓄部位也不同。肉用品种、改良品种及幼龄动物体内脂肪多蓄积于肌肉中，非肉用品种和非改良品种的脂肪多贮存在皮下、内脏，而肌肉中间较少。

## 三、碳水化合物

碳水化合物在禽肉组织内含量较少，约占干物质重的 1%～2%，以游离或结合的形式存在。如葡萄糖是肌肉收缩能量的来源，核糖是细胞核酸的组成部分，而葡萄糖的聚合体——糖原，则是动物体内碳水化合物的主要贮存形式。糖原又叫动物淀粉，主要贮存于动物的肝脏内，含量高达 2%～8%。

糖原在动物体内不断合成和分解，维持着正常的新陈代谢作用。糖原分解生成葡萄糖的代谢过程，在禽肉及其制品的贮藏与加工中具有重要意义。

## 四、浸 出 物

凡用水来处理肉类时，能溶于水中的物质都叫浸出物，包括含氮浸出物、无氮浸出物和无机物三类。含氮浸出物有肌酸、肌酸酐、磷酸肌酸、尿素、甲基甘氨酸、次黄嘌呤和胆碱物质，无氮浸出物有糖原、麦芽糖、葡萄糖、琥珀酸和乳酸等。肉的浸出物含量不多，但其中却存在许多对肉类蛋白质和脂肪的消化作用有重大影响的物质，能促进消化道腺体的活动（如促进胃液、唾液等的分泌）。有些对肉的风味有直接的影响，是肉的风味增强剂。

## 五、矿 物 质

禽肉中矿物质的含量丰富，主要有铁、锌、钾、镁等，钙在禽肉中含量甚微。禽肉中铁的含量比较多，平均每 100 克禽肉中为 0.4～3.4 毫克。禽肉类中的铁不仅含量高，吸收利用率也高，因为禽肉类中的铁为血红素铁，可直接为肠黏膜细胞吸收，不受植酸根等抑制因素的影响，所以禽肉为膳食铁的良好来源。禽肉也是锌的良好来源。钠、镁可提高禽肉的保水性，而镁、钙则降低禽肉的保水性。

## 六、维 生 素

禽肉中除 B 族维生素较丰富外，还含有很少量的维生素 A、维生素 C、维生素 D 等，以及微量的维生素 E 和维生素 K。B 族维生素在肉类加工中，有不同程度损失。维生素 $B_1$ 和维生素 $B_6$ 遇热不稳定，维生素 $B_1$ 在加工时一般损失 25％左右，而维生素 $B_6$ 受热损失通常是维生素 $B_1$ 的一半。维生素 $B_2$ 和维生素 PP 一般对热较稳定，加工中损失较少。

## 七、水　　分

水分是禽肉类中含量最多的组分，一般占鲜肉的 70％左右。禽肉越肥，水分含量越少。幼龄禽肉比老年禽肉水分含量要高。另外，不同品种、不同部位的肌肉，其水分含量也有一定差异。在肌肉组织总水分中，有 70％的水附于肌原纤维内，20％在肌浆中，10％在肌细胞间。

肉中的水分可划分为三部分，即肌肉中水分有三种存在状态。一种是结合水或称固化水，这类水分布在肌肉蛋白质大分子周围，借助于分子表面的极性基团与水分子之间的静电引力，紧紧地直接与蛋白分子表面的亲水基结合在一起，它不易蒸发也不易冻结（冰点低达－40℃），不受或很少受蛋白质分子结构和电荷变化所影响，在肉品加工和蛋白变性时也是固定的，这部分水约占肌肉总水分的 5％。第二种存在的水分是不易流动水，约占总水分的 85％，这部分水存在于肌原纤维和肌质网之间，其分子的排列是高度有序的，因而仅有有限的运动自由度，不易流动，在 0℃以下逐渐开始形成冰结晶，近于理想的溶液状态。第三种存在的水分是自由水，这部分水冰点是 0℃，活性比纯水稍低，具有溶剂作用，存在于细胞间隙及组织间隙，约占总水分的 10％。在烘烤和加工脱水制品时，先被蒸发掉的是自由水，后为不易流动水，结合水较难蒸发掉。

## 第二节　禽肉的宰后变化

### 一、禽肉的宰后变化

#### （一）肉的成熟

在不发生细菌腐败的情况下，鲜肉在冰点以上贮藏的过程称为调制或熟化，很早以前就用这种方法增加肉的嫩度和风味。如宰后将鲜肉在 2～3℃下贮存 3～5 天，其嫩度和风味都可得到改善。这种嫩度和风味的改善是由于肌肉蛋白质的水解，破坏了肌纤维的结构而使嫩度增加，所产生的氨基酸改善了肉品的风味。动物宰杀后 24～36 小时内，肌肉组织中占主导地位的变化是糖原酵解，此过程中肌肉 pH 的降低促使蛋白质发生变性而易于被酶水解。之后蛋白质水解占主导地位，并一直进行下去，直至由于细菌腐败或大量蛋白质变性造成严重失水而使肉品变得不能食用。禽类屠宰后，氧气供应停止，在组织酶和外界微生物的作用下，肌肉内部发生一系列的生物化学变化，使肉质变得柔软多汁，并产生良好的滋味和气味，这一变化过程，称为肉的成熟。肉的成熟分为肉的僵硬和自溶两个过程。

1. 肉的僵直　动物生前正常肌肉的 pH 为 7.0～7.2，呈中性或弱碱性。肌肉中的蛋白呈半流动的状态，所以柔软而不硬。但禽类屠宰后的肉尸，由于肌肉中糖原进行分解，产生乳酸，而肌磷酸等分解生成磷酸。使肉的 pH 下降，变成酸性，当 pH 达到 5.2～6.0 时，由于肌浆蛋白的保水性增强，使肉内蛋白质膨胀，肌肉增厚、变硬，这便为肉的僵直。

宰后禽类肌肉逐渐失去弹性和伸展性，进入僵直状态。僵直发生与肌肉 ATP 的耗竭有关，ATP 降至一定水平，肌原纤维的肌动蛋白和肌球蛋白形成不可解离的肌动球蛋白复合体，导致肌肉组织僵直，失去延展性。肌肉发生僵直时伴有一定程度的收缩。收缩是肌动球蛋白发生摆动所致，而肌动球蛋白的摆动需要一定的钙离子水平。

僵直过程分快慢两个时相。在初始阶段，肌肉组织仍具有一定 ATP 水平，僵直在肌肉组织局部缓慢发展，此时为慢时相；随着 ATP 耗竭，肌动球蛋白形成加快，僵直迅速发生，此期称为快时相。在一定温度下，快时相开始的时间与屠宰时肌肉的 ATP 水平有关。屠宰之后，肌肉 ATP 的消耗主要用于维持肌肉组织结构完整和肌肉温度，由非收缩性肌球蛋白 ATP 酶催化。宰杀初期，消耗的 ATP 由磷酸肌酸缓冲系统和糖原酵解两条途径补充，可以维持较高的 ATP 水平，肌肉组织的能量供应充足，没有僵直发生。磷酸肌酸消耗殆尽之后，ATP 自耗仅依靠糖原酵解途径补充而糖原酵解途径产生 ATP 的效率极低，即使肌肉中有丰富的糖原贮备，其产生的 ATP 也不足以维持肌肉的较高 ATP 水平，肌动球蛋白复合体开始形成，并缓慢增加，此期即僵直发生的慢时相。随着糖原的耗竭或乳酸积累导致的肌肉 pH 降低，钝化了糖原酵解酶，糖原酵解途径不再提供能量，肌肉中的 ATP 迅速减少并耗竭，肌动球蛋白复合体迅速形成，此即僵直过程的快时相。宰前挣扎，使宰后肌肉的初始 pH 迅速降低，缩短了快时相开始的时间，用其他方法消耗糖原可达到相同的效果（如饥饿和胰岛素痉挛等）。另一方面，宰后肌肉组织通过给予过量的氧，可延缓僵直快时相的到来，其原因是过量的氧激活了高效率的有氧氧化供能途径，此过程消耗糖原，但不积累乳酸。事实上，浅层肌肉（约 3 毫米厚）在暴露于氧气中时，其产生 ATP 的速度可达较高水平，以致磷酸肌酸在一定时间内可维持活体水平，表层肌肉的最终 pH 也较高。

僵直后出现肌肉系水力降低，其原因有 3 方面：一是动物宰后肌肉最终 pH 为多种肌肉蛋白的等电点，处于等电点时肌肉的系水力最低；二是僵直形成的肌动球蛋白复合体系水力低于其肌动蛋白和肌球蛋白前体；三是僵直过程中肌肉组织发生收缩，称为僵直收缩。

僵直过程中，核苷酸的形式发生变化。ATP 分解为 ADP 和无机磷供能之后，ADP 进一步脱去磷酸和氨基产生次黄嘌呤单核苷酸（IMP），次黄嘌呤单核苷酸脱去磷酸之后产生次黄嘌呤核苷。核糖脱离之后，次黄嘌呤核苷分解为核糖和次黄嘌呤。

僵直过程和僵直之后，部分糖原被 α-淀粉酶降解为葡萄糖和己糖-6-磷酸。

2. 肉的自溶　僵直后的肉，内部的变化并非停止，而是随着糖原的继续分解，生成的乳酸不断增加，胶体蛋白的保水性减少，肉内蛋白质与水发生分离而回缩，使僵直缓解。在此期间，由于肌肉自溶酶的作用，使一部分蛋白质分解而生成水溶性蛋白质、肽及氨基酸等物质，这时肉变得柔软多汁，且有良好的滋味。从禽类宰后肌糖原的分解，至肉发生僵直以及肉本身的自溶这一过程，都属肉的成熟。因此，肉的成熟过程也包括自溶过程，但自溶过程仅局限于部分蛋白质分解生成水溶性蛋白质、肽及氨基酸时为止。如果进一步分解，即从氨基酸再分解为胺、氨、硫化氢等，肉就进入腐败阶段，肉质就出现败坏，失去食用价值。

### （二）宰后禽类肌肉的糖原酵解

动物宰杀之后，虽然肌肉组织不再频繁收缩，但维持其结构完整、保持一定温度和弹性仍需消耗 ATP，已知非收缩性肌球蛋白 ATP 酶负责此时的 ATP 分解供能。血液循环的终止，断绝了肌肉组织的供能物质和氧气供应，所需能量只能来自于糖原酵解和磷酸肌酶转化为肌酸。后一途径提供的能量是有限的，因为它只是一个缓冲系统，本身并没有净能量的产生。因此，糖原酵解是宰后肌肉组织唯一获得能量补充的途径，也是主要的供能途径。糖原酵解途径不断产生能量的同时，其副产物乳酸在肌肉组织内不断积累，导致肌肉 pH 不断下降。最终或者由于肌糖原消耗殆尽，或者由于肌肉 pH 降低，致使参与糖原酵解过程的酶钝化，导致糖原酵解过程终止，肌肉 pH 不再降低，称此时的 pH 为最终 pH。大多数情况下，宰后糖原酵解以后一种方式终止；以第一种方式终止往往产生于营养不良或宰前长期剧烈运动，致使肌糖原水平很低的禽类。正常哺乳动物的最终 pH 为 5.4～5.5，高于此范围一般认为是糖原耗竭所致。这种耗竭并不是所有糖原都被酵解，肌糖原消耗至一定程度后，糖原酵解的酶不能再对其进行攻击。如某些类型肌肉最终 pH 高于 6，而肌糖原含量尚高达 1%。哺乳动物肌肉的正常最终 pH 范围（5.4～5.5）恰恰是大多数肌肉蛋白包括肌原纤维蛋白在内的等电点。处于等电点的蛋白质，即使不发生变性，其系水力也较低。

宰后肌糖原酵解速度随环境温度的升高而加快；但在 0～5℃范围内，随温度的降低而加快；有人甚至发现－3℃下肌肉糖原酵解速度快于 0℃时，此温度下肌肉处于冰凉状态。

### （三）宰后禽类肉品嫩度的变化

1. **僵直与嫩度**　宰后 24 小时，肌肉的嫩度变化非常明显。动物死后不久随即出现僵直，其特点是肌肉的僵直与无伸张性。僵直产生的主要原因是：动物宰后呼吸停止了，正常糖原的有氧氧化变成了无氧酵解，ATP 供给减少，在 CP-ADP-肌酸激酶反应系统中，CP（磷酸肌酸）供给也减少了，因此肌肉中 ATP 的含量急剧下降，这时肌原纤维中肌球蛋白纤维粗丝和肌动蛋白纤维细丝结合成肌动球蛋白，便成为不可逆的、永久性的肌肉收缩。已经证明，在僵直出现前，肌肉是颇为柔软的，随着达到完全僵直，肌肉同时逐渐变得老化。

2. **冷缩与嫩度**　当动物屠宰后僵直开始出现之前，肌细胞内的 ATP 和 pH 仍处于高水平，仍保持活体的大部分机能，如果在这时对肌肉降温，可引起肌肉的收缩即冷缩。这种收缩作用是在 15℃时开始，剧降到 0℃。收缩了的肌肉将在缩小的状态下僵直，这样的肉在烹调时较未经冷缩的肉要坚韧得多。冷缩使肉变硬和嫩度下降，其原因主要是肌质网在低温刺激下，$Ca^{2+}$ 大量析出，且不能有效回收，$Ca^{2+}$ 浓度的增高，使肌动球蛋白 ATP 酶的活性大大增强，肌球蛋白粗丝便与肌动蛋白细丝之间形成一定程度的结合交错，表现冷缩。在 15℃以下，随着温度的降低，这种肌球蛋白粗丝和肌动蛋白细丝间的连接交错程度逐渐变大，肉的嫩度也相应降低；在 2℃时冷缩程度最大，肉质也相当老化。

但是，肌肉的收缩程度并不总是与肉的嫩度呈反比关系，如在收缩长度超过初始长度 50％时（如烹煮），肌肉的嫩度反而得到改善，其原因主要是这种强烈收缩能使肌纤维上产生一系列的结节，这是过度收缩的区域，在这之间有肌纤维肌节的断裂现象，故肉质变嫩。

3. 融僵与嫩度　动物宰后在出现僵直前迅速将胴体冷冻，此时肌肉中ATP 的浓度较高，保持在僵直前的水平，在融冻时，肌质网体受到破坏，内部贮存的 $Ca^{2+}$ 被大量释出，促使肌球蛋白 ATP 酶活化，使 ATP 发生强烈而迅速的分解产生能量，这时肌动蛋白细丝相肌球蛋白粗丝结合形成肌动球蛋白，肌肉强烈收缩产生僵直，这种现象称为融僵。由于肌肉在僵直开始前被迅速冻结，其中 ATP 和糖原的含量都很高，同时 ATP 酶在冻结时没有失去活性，而且在融冻时 ATP 酶的活性更加强烈。因此，这样的肌肉在融冻过程中ATP 和糖原的分解速度更快，特别是在 0～2℃解冻时更是如此。因此，融僵的肌肉比正常的肌肉僵直要强烈得多，并伴有大量的肉汁渗出，嫩度也显著下降。

融僵可通过一定方式在一定程度上得到缓解，一是整个胴体直接融冻（肌肉受牵制而限制收缩时），或分割肌肉在－2℃条件下缓慢融冻（降低 ATP 酶的活性，阻止收缩）；二是在较低温度下长时间存放（－12℃，30 天），使ATP 缓慢降解，消除融僵发生的条件（ATP 浓度过高）。但预防融僵，还应从宰后避免立即冻结做起。

如上所述，宰后过早、过快冷冻对肉质不利，但冷冻速度过慢对肉的嫩度同样不利，这主要与冷冻期间形成的冰晶体大小有关。当温度降到冰点以下时，在结晶核周围形成大量的冰晶，冷冻速度过慢可使原先形成的冰晶增大，比较快速的冷冻虽使结晶核形成的数量多，但冰晶却比慢速冷冻的要小。冰晶增大能使肌纤维膜破损，这种肉在融僵时，就会引起内汁流失、嫩度降低。因此，过慢的冷冻对肉的嫩度也是不利的。

4. 熟化与嫩度　未经加工的肉置于冰点以上无菌环境中保存一段时间，使肉的嫩度和风味得到改善的过程称为肉的熟化或调制。动物刚宰后，肉是比较软的，当肌肉收缩僵直时，肉的嫩度下降，如前所述，宰后如果处理不当，则会发生冷缩和融僵现象，使肉变得更加老化。宰后的肉经过一段时间在一定条件下进行熟化，则能改善肉品的嫩度。

为了提高肉品的嫩度，可采用如下两种方式对肉类进行熟化：一是 0～5℃保存的低温熟化，二是 15～40℃保存的高温熟化。在同一高温下保存同样时间（37℃、3 小时），僵直前熟化的肌肉嫩化效果要大于僵直后熟化的肌肉，高温僵直后熟化的肌肉嫩度增加则超过低温僵直熟化的肌肉。一些研究结果表明，提高熟化的温度可相应提高肉品的嫩度（肌肉受到限制而不能收缩时），温度愈高（至40℃），嫩度增加得愈大。熟化温度在40～60℃时，随温度上升肉的嫩化程度减少；继续升高温度，嫩度提高的幅度迅速降低；达75℃时熟化，肉嫩度不再改善。熟化过程中肉嫩度的改善并不是在僵直时所形成的肌动球蛋白的解开，也不是结缔组织蛋白的大量水解所致，主要是由肌原纤维的微结构形态发生变化所致。

### （四）宰后禽肉品质的其他变化

肌肉到达最终 pH 时，大部分 ADP 被分解为次黄嘌呤核苷酸、无机磷和氨，部分还进一步降解为次黄嘌呤、磷酸和核糖。次黄嘌呤的产生与熟化温度、时间和肌肉 pH 有关，对肌肉风味有影响。肌苷酸（或肌苷与无机磷酸）在含甘氨酸和葡萄糖的糖蛋白溶液中加热时，可产生肉品的基本风味。蛋白质和脂肪降解产生的硫化氢、氨、乙醛、丙酮和二乙酰与肉的风味亦有关系。长时间熟化（如0℃下调制40～80天），肉品风味降低，说明次黄嘌呤和肌苷并不是唯一产生肉品风味的物质。另外，随调制时间延长，脂肪氧化变质程度增加，这对肉品风味危害很大。

## 二、禽肉的腐败

禽肉中丰富的营养物质为微生物的生长、繁殖提供了良好的营养条件，结合适宜的温度和湿度，微生物便可大量繁殖而使肉品腐败。此时蛋白质不仅分解为氨基酸，而且氨基酸进一步脱氨、脱羟，分解成更为低级的产物，如吲哚、酚、腐胺、酪胺、组胺、色胺、各种含氮的酸和脂肪酸类及硫化氢、甲烷、硫醇、氨、二氧化碳等气体。

### （一）肉品腐败的原因

肉品腐败的原因虽然不是单一的，但主要是肉品被一定数量的腐败菌污染，且所处环境适于微生物的生长繁殖。因此，肉品的腐败实质上是腐败菌所产生的蛋白水解酶对蛋白质的分解作用。

1. 鲜肉中微生物的来源　健康动物的血液和肌肉中通常是无菌的，污染肉类的微生物通常来自屠宰、加工、流通等过程中的各种污染源，如放血、剥皮所使用的刀具，其上附着的微生物可进入血液，经大动脉、静脉血管进入胴体深部；不合理的屠宰方法，如禽屠宰时采用同时割断颈部动脉、静脉、气管及食道的方法，当禽类强烈吸气时，造成胃内容物上逆，污染血液及胴体；屠宰场中空气、设备、工具及人体携带菌的污染；去除内脏时割破胃肠造成的污染；去尾及肛门时，人手及肛门内容物携带菌的污染，整修时用水冲洗胴体、抹布搓抹胴体造成的污染，鼠、蝇、蟑螂等传播携带菌造成的污染等。另外，禽类在屠宰前患某些类型疾病，如肠炎、败血症、多发性水肿、关节炎、大面积溃疡等，病原微生物可能在宰前已蔓延于肌肉和内脏；禽类过于疲劳、受热、内伤时，机体抵抗力很弱，肠道寄生菌可能乘虚而入。

2. 腐败菌的种类　腐败菌就是在自然界中广泛存在的一类营死物寄生的，能产生蛋白分解酶，使动植物组织发生腐败分解的细菌。这些细菌包括：

(1) 革兰氏阳性、产芽孢需氧菌　如蜡样芽孢杆菌、巨大芽孢杆菌、小芽孢杆菌、枯草杆菌。

(2) 革兰氏阴性、无芽孢细菌　如阴沟产气杆菌、大肠杆菌、奇异变形杆菌、普通变形杆菌、绿脓假单胞菌、荧光假单胞菌、腐败假单胞菌。

(3) 球菌　均为革兰氏阳性菌，包括金黄色葡萄球菌、粪链球菌、金黄色八联球菌、淡黄细球菌、黄细球菌、变异细球菌、嗜冷细球菌、凝聚性细球菌、解酪朊细球菌、珠白细球菌。

(4) 厌氧性细菌　腐败梭状芽孢杆菌、魏氏梭状芽孢杆菌、产芽孢梭状芽孢杆菌、溶组织梭状芽孢杆菌、双酶梭状芽孢杆菌、缓腐梭状芽孢杆菌。

(5) 霉菌　经常可以从肉品上分离出的霉菌有毛霉、青霉、翅霉、交连霉、枝孢霉，以青霉和毛霉居多。

3. 腐败菌菌相的变化　肉品被细菌污染之后，共存于肉品中的细菌种类及其相对数量构成，称为细菌的菌相。数量相对较多的细菌称为优势菌。肉品在细菌作用下所发生的变化程度和特征，主要决定于菌相，特别是优势菌。

来自健康动物的肉品本身没有微生物。肉品中的微生物是在屠宰加工、运输贮藏过程中，受到不同程度的微生物污染的结果。一般常温下放置的肉类，早期以需氧芽孢杆菌属、微球菌属和假单胞菌属等为主，而且局限于肉的浅表。随着腐败进程的发展，细菌向肉的深部蔓延，需氧菌类逐渐减少，特别是球菌类的数量明显减少，到中、后期以变形杆菌、厌氧芽孢杆菌占较大的比例。由于具体条件不同，还可能伴随有其他各种细菌和霉菌。冷冻肉品早期多为嗜冷菌，如假单胞菌属、黄杆菌和嗜冷微球菌等，随后肠杆菌科各属、芽孢杆菌属、球菌属等渐次增殖。

## （二）肌肉组织的腐败

在肌肉组织的腐败过程中，肌肉蛋白质受微生物作用而分解。蛋白质不能以其天然状态为微生物所同化利用，因为天然状态下的蛋白质是高分子胶体粒子，不能通过细胞膜扩散，微生物在将其分解成更小单位后才能利用。肉品成熟和自溶过程中，蛋白质分解物为微生物生长提供了可直接利用的营养物质。微生物引起的蛋白质腐败作用包括一系列的生物化学反应，其反应类型、方式与微生物的种类、外界条件、蛋白质的构成等因素有关。

## （三）脂肪组织的腐败

脂肪组织中含有的水分和含氮物质能促使微生物很快地繁殖，此过程微生物分泌的某些酶使脂肪发生分解。因此，蛋白质的腐败分解是使脂肪组织变质的原因之一。脂肪组织中的蛋白质主要是胶质蛋白，此过程引起的外观特征变化不同于肌肉组织腐败。胶质蛋白分解时，并不形成吲哚和粪臭素，但形成硫醇。因此，脂肪组织败坏时并不出现腐臭味，而是产生一种令人不愉快的酸败味。

# 三、禽肉的新鲜度检验

## （一）禽肉新鲜度的检验方法

肉类的新鲜度是评定肉类品质的重要内容。其方法有感官鉴别、化学检验与微生物检验。

1. 感官鉴别　感官鉴别就是借助人的视觉、嗅觉、触觉及味觉来区别肉之新鲜程度。肉若腐败变质，常由于各组织成分的分解，而使肉的颜色、气味、性质等发生变化。感官鉴别虽有一定局限性，但较为简易。

（1）新鲜肉　新鲜肉的色泽、气味均为正常，肉的外表稍微湿润，肉的切口稍微潮湿，但无黏性，肉质紧密，富有弹性，用手指按压时，凹陷处立即复原，肉汁透明，且有鲜肉的自然香味。

（2）陈肉（次鲜肉）　肉的表面干燥或有黏液，肉色发暗，切口潮湿而有黏性，肉质松软，缺少弹性，手指按压，凹处不能立即复原，肉汁混浊不清，无鲜肉香味。

（3）腐败肉　腐败肉也称变质肉。肉的表面有时干燥，有时很潮湿，且带黏性，肉色灰白或淡绿，肉质松软，没有弹性，用手指按压，凹陷处不能复原，肉汁混浊，且有臭味。

2. 化学检验

（1）挥发性盐基氮的测定　蛋白质分解后，所产生的碱性含氮物质有氨、伯胺、仲胺、叔胺等，都具有挥发性。因此，测定被检肉中的总挥发性盐基氮，将有助于确定肉品的质量。我国食品卫生标准规定，鲜（冻）禽肉的挥发性盐基氮均≤0.15克/千克。

（2）氨的检验　定量检查常用纳氏试剂法，新鲜肉氨含量应在2毫克/千克以下，当其含量在0.2～0.3克/千克时，可认为处于腐败初期，如无感官变化应立即食用；含量在0.31～0.45克/千克时，应有条件食用并立即消费；0.46毫克/千克以上则不能食用。

（3）硫化氢试验　肉在腐败时产生硫化氢，与碱性醋酸铅反应产生黑色的硫化铅。

（4）pH（氢离子浓度）的测定　新鲜肉的pH为5.8～6.2，次新鲜肉6.3～6.7，变质肉6.8以上。肉腐败变质时，由于肉中蛋白质在细菌及其酶的作用下，被分解为氨和胺类化合物等碱性物质，使肉趋于碱性，其pH比新鲜肉高。因此，肉pH的升高幅度，在一定范围内可以反映肉的新鲜程度。

（二）微生物检验

肉的腐败是由于细菌大量繁殖，导致蛋白质分解的结果。故检验肉的细菌污染情况，不仅是判断其新鲜度的依据，也能反映在产、运、销过程中的卫生状况。常用的检验方法有细菌菌落总数测定，大肠菌群最近似数、致病菌检验及触片镜检法。

1. 采样及处理　微生物学检验采样时，一般按如下步骤：用灭菌棉拭子采胸部和腹部各10厘米²，背部20厘米²，头部和肛门部各5厘米²，共50厘米²，或取腿肌（或胸肌）50克。光禽体腔灌洗采样，系从腹腔开口处塞入一直径28毫米的无菌塑料漏斗，用无菌玻棒把它捅向前方，使漏斗管突出在光禽颈部开口处。然后将禽腿吊于夹架上，用扇形扁嘴的喷头套于注射筒上，吸1%无菌柠檬酸钠液50毫升徐徐喷洒于光禽体腔四周，从漏斗管流出的液体收集在无菌牛乳稀释瓶内，供细菌检验。

2. 送检　肉和肉制品的检样，如肉块和组织（脏器）块，在采集后应临时浸藏在保护液中，以免细菌在送检途中死亡。保护液具有抗氧化和缓冲的作用，其功能主要是：防止样品干燥；防止样品接触空气中的氧，尤其是严格厌氧性细菌；防止pH的变化，以免影响细菌的活力。

    **3. 检样的处理**　　生肉和脏器检样时先将样品放入沸水中烫或烧灼 3～5 秒，进行表面灭菌，再用无菌剪刀剪取检样深层肌肉 25 克，放入灭菌乳钵内，用灭菌剪刀剪碎，加灭菌海砂或玻璃砂研磨碎后，加灭菌水 225 毫升，混匀后为 1∶10 稀释液；在检验前用力振荡试管数十次，目的在于把棉拭子上的细菌均匀振落于盐水中，以此作为原液，再按要求进行 10 倍递增稀释。

# 第二章

# 家禽的屠宰及分割加工　>>>>>

## 第一节　家禽的屠宰

### 一、家禽的宰前检疫

#### (一) 宰前检疫的目的

通过对家禽的检疫和处理，把完全符合产品标准的健康家禽送宰，从而保证加工产品的卫生质量及耐贮性，减少宰后检验负担。同时，能及时剔除病患家禽而作适当处理，既减少经济损失，又控制了疾病的扩散和传播。

#### (二) 检疫的具体操作

1. **查验证明**　必须采用来自非疫区的安全健康肉用家禽为原料，经产地农牧部门兽医检疫并出具检疫证明。本县市家禽查验产地检疫合格证明，外县市家禽除查验产地检疫证明外，还需查验运输检疫证明。

2. **临床诊断**　采用群体检疫和个体检疫相结合的方法。

(1) **群体检疫**　群体检疫应在不惊动家禽群的情况下进行，主要观察其静态、动态和粪便情况。健康家禽全身羽毛丰满、整洁、紧贴体表、具有光泽，肛门周围和腹下绒毛清洁而干燥，两眼明亮而有神，精力充沛，性情活泼，行走时昂首举尾，喜合群，常用喙梳理羽毛。若发现羽毛蓬松、翅膀、尾下垂，闭目缩颈、摇头，离群独行，行动迟缓，肛门周围和腹下绒毛潮湿不洁，或沾有粪便，呼吸困难，声音异常者，应剔除进行个体检疫。

(2) **个体检疫**　在群体检疫的基础上，对剔出的病禽和可疑禽逐只进行细致检查。主要运用眼看、耳听、手摸及检测体温的方法，对异常禽只进行全面系统的检查，并根据家禽来源、品种、日龄、数量、免疫接种、病史等情况进行诊断，以确定疾病性质。对于难以作出确切判定的家禽，还需进行病理剖检或实验室检疫。

3. **病理剖检及实验室检疫**　对死禽解剖，逐一观察各组织器官的病理变化，并做好记录，为检疫判定提供依据。必要时可剖开组织、肌肉、脏器送实验室检疫。实验室检疫主要进行病理组织学检查和微生物学检查，从而确诊疾病。

4. 检疫后的处理方法

（1）准宰　凡健康状况良好，符合卫生质量和商品规格的肉禽应准予屠宰，并开具准宰通知单。

（2）禁宰　经确诊患有肉禽流行性传染疾病的肉禽应禁止宰杀，且严格按规定进行无害化处理。

（3）急宰　经确诊患有无碍肉食卫生的普通病患及一般性传染病，有死亡危险时应予急宰。

（4）缓宰　经确诊患一般性传染病和其他普通疾病，且有治愈希望的禽只，或疑似传染病但未确诊禽只应予缓宰。

## 二、家禽的宰前管理

1. 禽进厂后放入待检栏，验收员凭检疫证按批验收并根据宰前检疫、宰后检验、成品检验相关国家和企业标准进行宰前检验，确认为健康禽群时，方可收购。

2. 严格按照家禽收购相关国家与企业标准进行收购，对禽只应轻吆慢赶，轻抓轻放，严禁抛摔、踢打造成禽只损伤。为防禽只挤压，每秤不宜超过 200 千克。

3. 禽只在宰前必须断食 12～24 小时，并应充分给水。每隔 3 小时除粪便和哄赶活动一次，以促进排泄，又不至于因饥饿而吞入粪便。

4. 称重后禽只进入待宰栏，分批候宰，每间待宰栏候宰禽只不宜超过 500 只，候宰期间禁喂任何饲粮，宰杀前 2 小时应停供饮水。

5. 需急宰处理的禽只不能进入待宰栏，急宰病禽的羽毛、血液、内脏、污水等要进行消毒和无害化处理，防止疫病传播。

6. 运禽只的车辆和禽笼必须消毒后方可出厂。

7. 待宰栏、急宰间要经常打扫，清洗消毒。若发现传染病时，应立即进行严格消毒。

8. 禽只送宰前，应由宰前检验员出具准宰通知单通知宰杀。

## 三、家禽的屠宰工艺

### （一）挂禽

从挂禽宰杀到开膛等各道工序，尽可能在流水线挂钩上进行操作（个别品种除外），从宰杀放血到成品进入速冻库的时间，宜控制在 2 小时以内。

驱赶禽只要轻吆慢赶，严禁任何脚踢、棍打等野蛮操作，以免造成禽体损伤。禽只赶入挂钩槽内不得超过 80 只，避免赶入过多而造成挤压损伤。

凭准宰通知单分批宰杀，将禽只两脚卡在挂钩内，使之倒挂，禽背朝人，注意禽只两脚要卡牢，以免后道工序中禽只脱钩。

### （二）电击

电压 35～50 伏，电流 0.5 安以下，时间（禽只通过电昏槽时间）鸡为 8 秒以下，鸭为 10 秒左右。

电击时间要适当，以电击后马上将禽只从挂钩上取下，在 60 秒内能自动苏醒为宜。过大的电压、电流会引起锁骨断裂，心肝破坏，心脏停止跳动，放血不良，翅膀血管充血等。

### （三）宰杀放血

宰杀放血通常有三种方式：口腔放血、切颈放血（三管齐断，即用刀切断气管、食管、血管）及动脉放血。

放血时间鸡一般 90～120 秒，鸭 120～150 秒。但冬天的放血时间比夏天长 5～10 秒。血液一般占活禽体重的 8%，放血时约有 6% 的血液流出体外。

### （四）烫毛

1. 高温烫毛

（1）条件　71～82℃，30～60 秒。

（2）特点　高温热水处理便于拔毛，降低禽体表面微生物含量，屠体呈黄色，较诱人而便于零销。

由于表层所受到的热伤害，反而使贮藏期比低温处理短。

温度高易引起胸部肌肉纤维收缩，使肉质变老，而且易导致皮下脂肪与水分的流失，故尽可能不采用高温处理。

2. 中温烫毛

（1）条件　58.9～65℃，30～75 秒。鸡通常采用 65℃、35 秒，鸭 60～62℃、120～150 秒。

（2）特点　中温处理羽毛较易去除，外表稍黏、潮湿，颜色均匀、光亮，适合冷冻处理，适合裹浆、裹面之炸禽。

由于角质脱落，失去保护层，在贮藏期间微生物易生长。

**3. 低温烫毛**

（1）条件　50～54℃，90～120秒。

（2）特点　羽毛不易去除，必须增加人工去毛，而部分部位如脖子、翅膀需再予较高温的热水（62～65℃）处理。

禽体外表完整，适合各种包装，而且适合冷冻处理。

### （五）煺毛

机械煺毛主要利用橡胶指束的拍打与摩擦作用煺去羽毛。

禽只禁食超过 8 小时，煺毛就会较困难，公禽尤为严重。

宰前经过激烈的挣扎或奔跑，则羽毛根的皮层会将羽毛固定得更紧。

禽只宰后 30 分钟再浸烫或浸烫后 4 小时再煺毛，都将影响煺毛的速度。

### （六）去绒毛

目前去除方法有两种。

**1. 钳毛**　将禽体浮在水面（20～25℃）钳毛。

**2. 火焰喷射机烧毛**　此法速度较快，但不能将毛根去除。

### （七）清洗、去头、切脚

**1. 清洗**　屠体煺毛后，在去内脏之前须充分清洗。经清洗后屠体应有 95％的完全清洗率。一般采用加压冷水（或加氯水）冲洗。

**2. 去头**　应视消费者是否喜好带头的全禽而予增减。

**3. 切脚**　目前大型工厂均采用自动机械从胫部关节切下。如高过胫部关节，称之为短胫。这不但外观不佳和易受微生物污染，而且影响取内脏时屠体挂钩的正确位置；若是切割位置低于胫部关节，称之为长胫，必须再以人工切除残留的胫爪，使关节露出。

### （八）取内脏

取内脏前须再挂钩。

活禽从挂钩到切除爪为止称为屠宰去毛作业，必须与取内脏区完全隔开。此处原挂钩链转回活禽作业区，而将禽只重新悬挂在另一条清洁的挂钩系统上。

**1. 全净膛操作要求（以鸭为例）**　整个操作过程为流水线操作过程。

（1）开膛挂钩

①内销鸭要求　在鸭只腹下开口（近肛口），刀口线正对腹中线，刀口长度小于6厘米，将鸭只倒挂（单脚）于链条上，注意刀口不可太深，以免鸭肠划破造成污染。

②出口鸭要求　用剪刀从肛门处稍避开腹中线斜开口，刀口长度不超过3厘米，不要划破鸭肠造成污染。

（2）拉肠　用中指和食指伸入腹腔，将鸭肠拉出并防止胆汁和粪便污染，放于传输槽中随流水流入内脏处理间，进行处理。

（3）拉肫　用中指和食指伸入腹腔，将鸭肫拉出鸭体（连同食管），注意控制刀口深度，以防止划破鸭肠造成污染。为防止粪便污染，应摆放于不漏水的容器再转送至内脏处理间进行再处理，对于拉断食管鸭只应剔出单独处理。

内脏检验按宰前检疫、宰后检验、成品检验相关国家和企业标准要求进行检验。

（4）换位　调换鸭只悬挂方式，将鸭头悬挂于链条上。

（5）去（修）爪　根据客户要求，从跗关节处割下爪或不去爪，修净鸭蹼。

（6）拉肝、心　将鸭肝、心和胆同时拉出，并防止胆破裂后胆汁污染鸭体及鸭肝、心，盛放于不漏水的容器中进行再处理。

（7）拉肺　将肺拉出，放于传输管道流入废料槽。

（8）拉油　将腹脂（鸭油）拉出，放于不漏水的容器中。

（9）拉尾脂腺　去除尾脂腺，由传输管送入废料槽。

（10）冲腔体　左手抓住鸭体，右手拿一截带塑料硬管的自来水管伸入鸭体内进行冲洗。

（11）复检　质检员对全净膛后的鸭只逐只检查，发现不合格品立即剔出，另行存放处理，处理后仍需检验合格方可流入下一工序。

2. 内脏处理及检验（以鸭为例）

（1）肫　剪掉腺胃和肠管，剥净脂肪，在腱内侧剪开，去掉内容物，剥除角质膜，在流动水中去净残留物，冲洗洁净，沥干，肫无肿胀物、腺胃、肠管和角质膜残留且不破碎；将腺胃剖开，同样洗净备作鸭肚原料用；肫计量后用作加工盐水肫，或按1千克/袋定量（计量范围为1.0～1.01千克）装袋生产冷冻产品，按20袋/箱装箱、进库速冻。

（2）肠　剥除脂肪，剪开肠管，去掉内容物，用流动水冲洗洁净，沥干，无坏死点及出血点（个别可修剪），1千克/盒定量（计量范围为1～1.01千克）装周转箱、入库速冻，套装透明袋 20 袋/箱装箱。

（3）食管 剖开食管，去掉内容物，在流动水中冲洗干净，以 20 千克/箱定量（计量偏差为±200 克）入库速冻。

（4）心、肝 心去掉心包膜，剪去血管，排除心内血块，剔除心外膜有血点的鸭心。以 500 克/袋定量（计量范围为 500～505 克）装袋或直接转分割车间作冰鲜用。肝去掉胆囊，修净结缔组织，色泽正常，基本完整，无破碎，无肿胀、印胆、坏死点（个别边缘处可修剪）。以 5 千克/袋定量（计量偏差为±50 克）装袋进库。

（5）爪 修净鸭蹼，冲洗干净后以 1 千克/袋定量（计量范围为 1.0～1.01 千克）装袋封口，20 袋/箱装箱、入库速冻。

（6）鸭舌 以 150 克/袋定量（计量范围为 150～155 克）装袋、真空封口，50 袋/箱装箱、入库速冻。

（7）鸭油 以 20 千克/箱定量（计量偏差为±200 克）装塑料箱，进库速冻。质管部应加强对以上副产品的巡检。

## （九）检验、修整、包装

贮藏库温−24℃情况下，经 12～24 小时使肉中心温度达到−15℃，即可贮藏。

# 四、家禽的宰后检验

家禽的宰后检验与家畜的宰后检验有所不同，原因之一在于家禽的淋巴系统的组织结构与家畜不同，没有可供检验的较大的淋巴结。鸭、鹅只在颈胸部有少量淋巴结，所以家禽的内脏检验和胴体检验均不剖检淋巴结。另外，家禽的加工方法与家畜不同，家禽有全净膛、半净膛和不净膛 3 种，对全净膛禽能进行内脏和体腔的检验，对半净膛禽一般只对胴体表面和肠道进行检验，对不净膛禽只能检验胴体表面。因此，家禽的宰后检验一般要靠体表的变化和对部分脏器的检验来作判断。

## （一）胴体的检验

1. 判断放血程度 根据体表的颜色和皮下血管，特别是翅下血管、胸部与蹼部血管的充盈度来判断放血的良好程度。放血良好的健康家禽的皮肤为白色或淡黄色，有光泽，看不到皮下的血管，肌肉切面颜色均匀，无血液渗出。

放血不良的光禽，皮肤呈红色，常见表层血管充血，皮下血管明显，胴体切面有血液流出，肌肉颜色不均匀。

2. 检查体表和体腔　观察皮肤的色泽，注意皮肤上有无结节、结痂和疤痕，观察胴体有无外伤、水肿、化脓及关节肿大的病变，最后检验全净膛光禽的体腔内是否有炎性渗出物、赘生物和寄生虫等异常变化。

3. 检查头部和肛门

（1）鸡冠和肉髯　注意有无肿胀、结痂和变色。鸡冠和肉髯呈青紫色或黑色时，应注意是否是鸡痘、新城疫或禽流感。

（2）眼睛　观察眼球有无下陷，注意虹膜的色泽，瞳孔的形状、大小以及有无锯齿状的白膜或白环，眼睛和眼眶周围有无肿胀，眼内有无干酪样物质。如果有异常，可怀疑的疾病为眼性马立克氏病、鸡传染性鼻炎、眼形鸡痘。

（3）鼻孔和口腔　观察其清洁程度，注意有无黏性分泌物或干酪样假膜。如果有异常，可怀疑的疾病为鸡传染性鼻炎、鸡痘。

（4）咽喉和气管　观察有无充血和出血，有无纤维蛋白性或干酪样渗出物。如果有异常，可怀疑的疾病为鸡传染性喉气管炎、鸡痘。

（5）肛门　观察肛门的清洁度，注意是紧闭还是松弛，有无炎症。

（二）内脏检验

对取出全净膛的光禽内脏进行全面而仔细的检查，半净膛的光禽只检查拉出的肠管。不净膛的光禽则不检查内脏，但当怀疑为病禽时，应剖开胸、腹腔，仔细检查内脏和体腔。

1. 肝脏　观察其色泽、形状和大小，是否有肿大，有无黄白色斑纹、结节和坏死斑点。如有异常，则怀疑的疾病为鸡马立克氏病、鸡白血病、鸡结核病、禽霍乱。

2. 脾脏　观察是否有充血、肿大、变色和灰白色结节。如有异常，则怀疑的疾病为鸡结核病。

3. 心脏　注意心包膜是否粗糙，心包腔内是否有积液，心脏是否有出血及赘生物等。

4. 胃肠　剖检肌胃，剥去角质层，观察有无出血。剪开腺胃，轻轻刮去胃内容物，观察腺胃乳头是否肿大，有无出血和溃疡。如有异常，则怀疑疾病为鸡新城疫、禽流感。

5. 肠　观察整个肠道浆膜和肠系膜有无充血、出血、结节，特别注意小肠和盲肠，必要时剪开整个肠管检查肠道黏膜。

6. 卵巢　观察卵巢有无变形、变色、变硬等异常现象，并注意卵巢的完整性。常见的疾病为卵黄性腹膜炎。

## 五、禽肉的宰后冷却

### （一）冷却肉

冷却肉也称冷鲜肉、排酸肉，是指将严格按照检疫制度要求屠宰后的动物胴体迅速进行冷却处理，使胴体温度（以后腿内部为测量点）在 24 小时内降至 0～4℃，并在后续的加工、流通和零售过程中始终保持在 0～4℃范围内，不超过 7℃的冷链控制下的生鲜肉。

### （二）冷却肉的特点

1. 保质期长　一般热鲜肉保质期只有 1～2 天，而冷却肉的保质期可达到 1 周以上。同时冷却肉在冷却环境下表面形成一层油膜，能减少水分的蒸发，阻止微生物的侵入和在肉表面的繁殖。

2. 适合加工成各种肉制品　冷却肉不必解冻，质地柔软多汁，滋味鲜美，便于切割、烹制。其与在－4℃以下冻结保存的冷冻肉相比，冷却肉不脱水，水溶性维生素和水溶性蛋白质极少随水流出，保存住了肉的营养价值。

3. 营养丰富　冷却肉遵循肉类生物化学基本规律，在适宜温度下，使肌肉有序完成了僵直、解僵和自溶这一成熟过程，肌肉蛋白质正常降解，肌原纤维小片化等，使嫩度明显提高，从而有利于人体的消化吸收，这无疑相当于营养价值的提高。

冷却肉未经冻结，食用前无需解冻，不会产生营养流失，克服了冷冻肉的这一营养缺陷。由于一直处于冷链下，冷却肉中脂质氧化受到抑制，减少了醛、酮等小分子异味物质的生成，防止了其对人体健康带来的不利影响。而热鲜肉从动物宰杀到被消费者食用所经过的时间短，一般都未能完成正常的成熟过程。因此，这在客观上降低了肉类蛋白质的营养价值。冷冻肉在解冻时，汁液流失严重，造成可溶性养分的直接损失。

### （三）冷加工的目的

禽肉在刚屠宰完毕时，禽体的热量还没有散去，肉体温度一般在 37℃上下。同时，由于肉的后熟作用，在肝糖原分解时还要产生一定的热量，使肉体温度处于上升的趋势。肉体的高温和潮湿表面，最适宜微生物的生长和繁殖，这对于肉的保藏是极为不利的。

冷却作用使环境温度降到微生物生长繁殖的最适温度范围以下，影响微生物的酶活性，减缓生长速度，防止肉的腐败。冷却肉冷却温度的确定主要就是从有利于抑制微生物的生长繁殖考虑。肉品上存在的微生物除一般杂菌外，还有病原菌和腐败菌两类。当环境温度降至3℃时，主要病原菌如肉毒梭菌E型、沙门氏菌和金黄色葡萄球菌均已停止生长。将冷却肉保存在0～4℃范围，可保证肉品的质量与安全；若超过7℃，病原菌和腐败菌的增殖机会大大增加。

肉类冷却的目的，在于迅速排除肉体内部的热量，降低肉体深层的温度并在肉的表面形成一层干燥膜（亦称干壳）。肉体表面的干燥膜可以阻止微生物的生长和繁殖，延长肉的保藏时间，并且能够减缓肉体内部水分的蒸发。此外，冷却也是冻结的准备过程（预冷）。对于整胴体或半胴体的冻结，由于肉层厚度较厚，若用一次冻结（即不经过冷却，直接冻结），则常是表面迅速冻结，而使肉层的热量不易散发，从而使肉的深层产生变黑等不良现象，影响成品质量。但目前在国内一些肉类加工企业中，也有采用不经过冷却进行一次冻结的方法。

### （四）冷却的条件及方法

在肉类冷却中所用的介质，显然盐水、水等都能应用，但目前只采用空气，即在冷却室内装有各种类型的液氨蒸发管，借空气为媒介，将肉体的热量散发到空气中，再传至蒸发管。

## 第二节　禽肉的分割与分级

### 一、禽肉的分割

随着人民生活水平的提高及对食品需求的不断变化，人们已从过去喜爱购买活禽逐渐发展到购买光禽，进而希望能供应禽类包装产品和分割小包装产品。现在，禽类的分割小包装产品在市场上已逐渐增多，经常是供不应求。因此，发展和扩大禽类分割小包装的生产，提高其产品质量，适应和满足消费者的需要，是禽产品加工企业的重要任务。

光禽加工是简单的，然而分割禽在操作上必须注意质量、效益等问题。由于各种因素的影响，一只家禽经过分割后的出肉量达不到原有一只家禽的重量。

分割禽主要是将一只禽按部位进行分割，如果不按照操作规范和工艺要求，就会影响产品的规格、卫生以及质量。为了提高产品质量，达到最佳的经济效益，必须做到严格控制家禽分割的各道环节：原料应是来自安全健康、非病疫区、经兽医卫生检验没有发现传染性疾病的活禽，经宰杀加工，符合国家卫生标准要求的冷却禽；下刀部位要准确，刀口要干净利索；按部位包装，称量准确；清洗干净，防止血污、粪污以及其他污染。

### （一）分割方法

国内禽肉的分割是近几年才开始逐步发展起来的，对于分割的要求尚无统一的规定，各地根据具体情况，规定了当地的分割禽的部位和方法。国内发展最早的禽肉分割，主要是鹅（鸭）的分割，后来才出现鸡的分割。分割仍然采取手工分割的方法，也可按购买者或经营者的要求予以规定。

禽肉分割的方法有三种：平台分割、悬挂分割、按片分割。前两种适于鸡，后一种适于鹅、鸭。具体的分割部位则按不同禽类提出不同的要求。如鹅的个体较大，可分割成8件；鸭的个体较小，可分割成6件；至于鸡，可再适当地分成更少的分割件数。

1. **鹅、鸭的分割**　鹅分割为头、颈、爪、胸、腿等8件，躯干部分成四块（1号胸肉、2号胸肉、3号腿肉、4号腿肉）。鸭躯干部分为两块（1号鸭肉、2号鸭肉）。

2. **肉鸡的分割**　日本将分割鸡肉分为主品种、副品种及二次品种3类共30种。我国分类没有这么详细，大体上分为腿部、胸部、翅爪及脏器类。

### （二）鹅、鸭的分割步骤

第一刀从跗关节取下左爪。

第二刀从跗关节取下右爪。

第三刀从下颌后颈椎处平直斩下鹅、鸭头，带舌。

第四刀从第十五颈椎（前后可相差一个颈椎）间斩下颈部，去掉皮下的食管、气管及淋巴。

第五刀沿胸骨脊左侧由后向前平移开膛，摘下全部内脏，用干净毛巾擦去腹水、血污。

第六刀沿脊椎骨的左侧（从颈部直到尾部）将鹅、鸭体分为两半。

第七刀从胸骨端剑状软骨至髋关节前缘的连线将左右分开，然后分成四块即1号胸肉、2号胸肉、3号腿肉、4号腿肉。

## 二、分割肉的包装

生鲜肉在常温下的货架期只有 0.5 天，冷藏时（0～4℃）约 3～4 天，充气包装冷藏时约 10～14 天，真空包装冷藏时约 30 天，而冷冻肉则在 4 个月以上，低温熟肉制品真空包装冷藏时约 40 天。目前，分割肉越来越受到消费者的喜爱。因此，分割肉的包装也日益引起加工者的重视。

### （一）分割生鲜肉的包装

分割生鲜肉的包装材料透明度要高，以便于消费者看清内容物本色；透水率（水蒸气透过率）要低，防止生鲜肉表面的水分散失，造成色素浓缩，肉色发暗，肌肉发十收缩；柔制性好，无毒性，并具有足够的耐寒性。但为控制微生物的繁殖，也可用阻隔性高（透氧率低）的包装材料。

常规托盘包装材料透氧率较高，以保持氧合肌红蛋白的鲜红颜色。

一般真空包装复合材料为 EVA（乙烯-醋酸乙烯共聚物）/PVDC（聚偏二氯乙烯）/EVA，PP（聚丙烯）/PVDC/PP，尼龙/LDPE（低密度聚乙烯），尼龙/Surlyn（离子型树脂）等，阻隔性高。

充气包装是以混合气体充入阻隔性高的包装材料中，以达到维持肉颜色鲜红，控制微生物生长的目的。另一种充气包装是将鲜肉用透气性好但透水率低的 HDPE（高密度聚乙烯）/EVA 包装后，放在密闭的箱子里，再充入混合气体，以达到延长鲜肉货架期、保持鲜肉良好颜色的目的。

### （二）分割冷冻肉的包装

分割冷冻肉的包装采用可封性复合材料（至少含有一层以上的铝箔基材）。代表性的复合材料有：PET（聚酯薄膜）/PE（聚乙烯）/AL（铝箔）/PE，MT（玻璃纸）/PE/AL/PE。冷冻的肉类坚硬，包装材料中间夹层使用聚乙烯能够改善复合材料的耐破强度。

## 三、禽肉的分级

### （一）市销的规格等级

光禽要求皮肤清洁，无羽毛及血管毛，无擦伤、破皮、污点及淤血。其规格等级是把肥度和重量结合起来划分。

1. 一级品　肌肉发育良好，胸骨尖不显著，除腿、翅外，有厚度均匀的皮下脂肪层布满全身，尾部肥满。

2. 二级品　肌肉发育完整，胸骨尖稍显著，除腿部、肋部外，脂肪层布满全身。

3. 三级品　肌肉不很发达，胸骨尖显著，尾部有脂肪层。至于按重量分，则各地规格不尽相同。

一般光鸡：1.1千克以上为一级，0.6千克以上为二级，低于0.6千克的为三级。光鸭：1.5千克以上为一级，1千克以上为二级。光鹅：2.1千克以上为一级，1.6千克以上为二级。

### （二）我国出口规格等级

我国出口光禽的等级是有一定标准的。根据对方的实际需要，有时会提出相应的要求与特殊规定，应以买方的要求为标准。我国出口肉禽的规格一般等级如下：

1. 冻鸡肉　冻半净膛肉用鸡：去毛、头、脚及肠，带翅，留肺及肾，另将心、肝、肌胃及颈洗净，用塑料薄膜包裹后放入腹腔内。冻净膛肉用鸡：去毛、头、脚及肠，带翅，留肺及肾。

特级：每只净重不低于1 200克。大级：每只净重不低于1 000克。中级：每只净重不低于800克。小级：每只净重不低于600克。小小级：每只净重不低于400克。

2. 冻分割鸡肉

（1）冻鸡翅　大级：每翅净重50克以上；小级：每翅净重50克以下。

（2）冻鸡胸　大级：每块净重250克以上；中级：每块净重200克以上250克以下；小级：每块净重200克以下。

（3）冻鸡全腿　大级：每只净重220克以上；中级：每只净重180克以上220克以下；小级：每只净重180克以下。

3. 冻北京填鸭　带头、翅、掌及内脏，去毛、头及颈部稍带毛根，但不甚显著，鸭体洁净，无血污。

（1）一级品　肌肉发育良好，除腿、翅及周围外，皮下脂肪布满全体，每只宰后净重不低于2千克。

（2）二级品　肌肉发育完整，除腿、翅及其周围外，皮下脂肪布满全体，每只宰后净重不低于1.75千克。

出口的肉禽，应当在双方协商原则的基础上，讨论具体的规格要求，卖方应尽量按买方的要求加工,并提供样品。具体要求,应当在产销供货合同中注明,禽加工单位应当按合同的要求生产,使产品符合合同规定的规格等级。

## 四、禽肉的冷加工

### (一) 冷却

宰杀后的禽肉,肉体平均温度在 37～40℃,这样高的体温和潮湿表面,十分适于酶反应和微生物的生长繁殖。为保证禽肉的品质,禽肉的冷却必须在 4～6 小时内,使胸肉或腿肉的中心温度降至 4.4℃以下。

冷却方法可分为冷水冷却法和冷空气冷却法。冷水冷却法是冷却禽体最普通的方法。据有关研究报道,冷却水中含 50 毫克/升的次氯酸,可降低禽体 85%的微生物,而不含氯的冷却水只能减少 60%左右。一般情况下,工厂在冷却水中添加 5～20 毫克/升的氯气或 20～200 毫克/升的次氯酸即可保证工厂卫生和禽肉品质。也有报告指出,将二氧化氯加入冷却水中,其杀菌效果比氯气或次氯酸更好。

冷空气冷却禽肉的方法在欧洲很普遍。冷气冷却与冷水冷却的不同在于:冷空气冷却,禽肉的外表较为干燥,水分活性低,微生物不易繁殖,货架期延长。国外研究表明,冷空气冷却鸡的风味与气味较冷水冷却的好。但冷空气冷却禽体的失重较多,且冷却设备费用较高,投资成本大。

两段冷却法指禽体冷却时配合使用冷水冷却及冷空气冷却。通常禽体先经冷水冷却后,在 1.1℃的冷藏室中沥干,然后快速冷空气冷冻(−40℃)20～45 分钟,以使禽肉内部温度降低至−2.2℃,并使禽肉表皮冻结收缩,把表皮内部筋膜层的水分挤出,以保持禽肉外表干燥,最后禽体在−2.2～−3.3℃保持 5 分钟,使鸡肉表面温度渐渐与冷空气温度一致,以利于后续分切包装工序。包装好的鸡肉必须维持为−1.2～−3.3℃,在这种温度下,鸡肉的自由水会被冷冻而不流失,减少滴水现象。

### (二) 冻结

禽肉的冻结一般都是在空气介质中进行的,冻结过程中,禽体因水分蒸发而重量减轻。如无包装禽肉冻结,干耗量一般为 2%～3%。许多试验表明,冻禽皮肉发红主要是缓慢冻结所致,因禽体中含有 70%以上的水分,如果长时间在冷风中冷却,水分极易蒸发,因而增强了禽体表面层的血红素浓度。另外,禽的皮肤比较薄,脂肪层薄,特别是腿肌部分,在缓慢冻结中血红素被破坏，并渗入到周围肌肉组织中去，这是冻禽发红的主要原因。而且慢冻还影响产品的内在质量，导致组织中生成较大的冰结晶，对纤维和细胞组织有破坏和损伤作用。冻结时间越慢，皮肉愈红，干耗愈大，质量愈差；反之，冻结时间越快，干耗愈少，皮肉愈白，质量愈好。

禽肉的不冻液喷淋与吹风式相结合的冻结工艺主要分三个部分：

第一部分，为了保持禽体本色，袋装的禽胴体进入冻结间后，首先被-28℃强烈冷风吹十多分钟，使鸡体表面快速冷却，起到色泽定型的作用。

第二部分，用-24～-25℃的乙醇溶液（浓度约40%～50%）喷淋5～6分钟，使禽体表面层快速冻结，不仅可使禽体外表呈现乳白或微黄的明亮色调，制品色泽美观，还可加快冻结周期。

第三部分，在冻结间内用-28℃空气吹风冻结2.5～3小时。同时，鸡宰后分解操作的环境温度也不宜太高，太高可使禽胴体完成僵直、解僵的成熟过程受阻，导致PSE肉的发生。

### （三）冻肉在冻藏过程中的干耗

1. 冻肉干耗的危害　肉类在冻藏中的水分不断从表面蒸发，使冻肉不断减重，俗称干耗。冻结肉类在贮藏中的干耗与冷却肉在贮藏中的干耗所不同的是，没有肉层水分向表面层移动的现象，仅限于冻结肉的表面层水分的蒸发，而且这种蒸发是由极细小的冰结晶体的升华。因此，经较长期贮藏后的冻肉，在向脱水现象转变时，表面会形成一层脱水的海绵状层，即使食品的组织形成海绵体，并随着贮藏时间的延长，海绵体逐渐加厚，使冻肉丧失原有的味道和营养。另一方面，随着细小冰结晶的升华，空气随即充满这些冰晶体所留下的空间，使其形成一层具有高度活性的表层，在该表层中将发生强烈的氧化作用。这不仅引起肉的严重干耗损失，而且引起了其他方面的变化，如表层的色泽、营养成分、消化率、商品外观等都发生了明显的变化。正是由于这样，从保持商品质量、减少损耗等方面去研究和防止干耗问题，是目前肉类贮藏中一项重要任务。

2. 防止干耗的措施

（1）热量流入，增加干耗　肉类在贮藏中，通过周围隔热层和开门等进入冷库的热量，是决定贮藏冻肉干耗的主要因素之一。当空气温度升高时则其含水量增大，而当温度降低时就会凝结成露和冰。如绝缘不好或者开门，人的呼吸、开灯、电动设备等，透入的热量就会使库温升高，吸收大量的水分。而水分绝大部分是从库房内存放的肉中吸收，当含大量水蒸气的空气接触冷排管时，由于温度低而使水分变成霜，在排管上出现。这样的过程不断地进行，使肉中水分不断蒸发而产生干耗。因此，由实践证明，干耗的增加，几乎与透入冷藏库的热量成正比。

（2）堆紧并用包装材料盖好，减小比表面积　肉类在贮藏中堆集成肉垛，对影响肉的干耗确有重要的实际价值。对堆集成肉垛的冻肉，干耗主要产生在肉垛的外部。而垛内部由于湿度接近于饱和，同时极少有对流传热产生，因此肉垛内部干耗相对减少。同时，干耗也与库内陈肉的堆放方法有关，堆得越紧，堆层间密度越大则干耗减少。动物肉的种类不同，单位体积的表面积及堆列密度也不同。

（3）空气温度低减少干耗　以同样条件来比，－18℃冻藏间比－10℃的冻藏间干耗损失减少 4％左右。以此来推算，假如冻肉贮藏间都采用－10℃的话，冻肉的干耗损失增加 3％，如冻藏库容虽为 29 000 吨，平均负荷按 70％计算，约两万吨，则 20 000 吨×3％＝600 吨，所以肉的干耗损失量达 600 吨。

（4）冻藏间的相对湿度和堆放量　冻藏间的相对湿度对肉的干耗也有较大的影响。空气的相对湿度增加，干耗就会降低。在一般条件下，贮存冻肉的冻藏间内的相对湿度为 95％～98％。

冻肉的干耗率与冻藏间容量利用率成反比，这是因为绝对干耗损失的量（吨/年）与冻藏间内的冻肉量无关，而与冷却排管的表面积和冻肉表面积的蒸发条件有关。当库内堆放量较少的时候，由于外界传入的热量所引起的热交换是不变的，但由于热交换所引起的水分交换只能从少量的冻肉中来，增加了肉的干耗量。因此，只有将冻藏间容量全部利用，且堆码紧密，才能达到降低冻肉干耗的目的。

（5）冷库的立体形状和冷却设备种类不同的影响　若冷库的立体形状不妥，增加热量的流入，增加贮藏食品干耗。因此，在设计冷库时，就要考虑到冷库的外接触的面积总和，设计成尽可能小的表面积——正方形。这样除了在建筑上节省绝缘材料和在制冷工艺上减少冷负荷外，对减少贮藏食品的干耗也有重要的意义。例如，单层冷库的冻肉干耗较多层冷库的干耗量要大，即建筑单层冷库从减少干耗来说是不合算的。冷库内装有冷风机也能增加冻藏食品的干耗。这是因为鼓风机的电动机工作时发热，使冻肉增加干耗。根据实验证明，采用湿式冷风机的冻藏间，其贮藏冻肉的干耗量要比冷冻排管式蒸发器大 60％。

（6）空气的循环次数或速度加大，也会加大食品的干耗量　空气的流动速度加大，会造成食品表面、冷却设备与食品之间的热交换和湿交换增加。从食品表面蒸发出的水分，使食品表面附近的空气层饱和，如空气不运动，这些饱和的空气层就会再吸收湿气。在这种情况下，蒸发是以扩散的形式进行的，是很缓慢的。

# 第三章

# 禽肉类加工辅助材料　　　>>>>>

## 第一节　调味料

添加到食品中能起到改善、调节食品风味的物质称为调味料。在禽肉制品生产中应用较多的有以下七种。

### 一、食　盐

市售的食盐分为粗盐、细盐和精盐，加工肉制品宜采用精盐，一般不采用粗盐，因粗盐含有钙、镁、铁的氯化物和硫酸盐等，可影响制品的质量和风味。食盐具有定味作用，是加工中不可少的调味料，并且是腌渍的主要辅料。一般制品中含盐 2.5%～3%，过多则太咸以至味苦，而且食盐摄入过多易引起高血压，故在生产中应该掌握好其用量。

### 二、酱　油

酱油按生产方法分为天然发酵、人工发酵和化学酱油三大类。天然发酵酱油是利用空气中的微生物对黄豆、豆饼等进行发酵的产品，具有独特的风味，味浓鲜，质量极佳，但是产品率低，原料消耗大，生产周期长，成本高，故除少数名特产品外，一般不使用。

人工发酵酱油是以黄豆、豆饼为原料，经蒸煮后再接种人工培养的曲种发酵，加盐水过滤浓缩而成，也是最普遍、最常用的一种。

化学酱油是用盐酸将蛋白质分解，加碱中和，配以酱色及食盐水而成。国家已要求停止生产。

酱油品种很多，应根据所加工的肉制品的品种不同，选用不同酱油。广东腌腊制品常用的几种酱油有：

1. 生抽　分双王生抽，一、二、三级生抽，是以黄豆为原料，自然发酵，日晒加工复制而成。其色清淡，味鲜，咸度适中。以第一次发酵的酱油为原料复制的叫双王生抽。多用于色泽较浅的制品。

2. 老抽　分特级和一般老抽，是以豆豉和生抽作原料，加红糖，日晒或加热浓缩而成。色泽枣红，豆豉味浓，比生抽味稍甜，适用于色泽较深的制品。

3. 珠油　是用一般酱油和红糖经加工浓缩而成，颜色呈焦褐色，浓度高、呈胶水状，味甜，多用于着色。

4. 白色酱油　一般酱油脱色而成。

酱油主要含有食盐、蛋白质和氨基酸等物质，具有香、鲜与甘咸味，在制品中起调味、着色、防腐作用并可促进产品的发酵成熟。一般酱油含食盐＞0.15克/毫升，氨基态氮＞0.4％，总酸（以乳酸计）＜0.025克/毫升。

酱油保存应注意防尘、防霉、卫生。否则会生霉，出现产膜酵母菌落，但加热至60℃可杀灭除去该霉。

## 三、食　糖

食糖具有甜味，生理酸性，可以缓冲咸味，改善滋味，使肉保持一定的硬度，不致过分硬化。食糖还具有一定的防腐作用和提高腌制品色泽稳定性的功能。此外，在较长时间的腌制过程中，糖在微生物和酶的作用下变成酸，使pH降低，不仅可抑制某些微生物繁殖，而且可以使胶原膨润松软。食糖品种有白糖、白绵糖、红糖、冰糖、饴糖、蜂蜜等，可根据制品规格要求使用不同的食糖。

1. 白糖　应该选用含蔗糖99％以上、色泽白亮、甜度大而纯正的粒状结晶。白糖的保存要注意卫生、防潮、单独存放，防止返潮、溶化、干缩、结块发酵、变味。

2. 红糖　红糖又叫红砂糖、黄糖，有黄褐、赤红、红褐、青褐等色，而以色浅黄红而鲜明、味甜浓厚者为佳。红糖系未经脱色精炼过的白糖，含蔗糖较少，约84％，含果糖、葡萄糖较多，水分、色素、杂质较多。

3. 饴糖　饴糖系以米或其他淀粉质原料蒸熟，用麦芽糖化，经过滤、浓缩而成。主要成分是麦芽糖（50％）、葡萄糖和糊精（30％）。饴糖甜柔爽口，有吸湿性和黏性。主要用于增色和作为黏糖的辅助料。饴糖以颜色鲜明、汁稠味浓、洁净不酸者为佳。宜用缸存，注意降温，防止融化。

4. 蜂蜜　含葡萄糖42％、果糖35％、蔗糖20％、蛋白质0.3％、淀粉 1.8％、苹果酸 0.1％以及脂肪、酶、芳香物质、无机盐、多种维生素、蜡、色素、花粉粒等。蜂蜜易被人体吸收利用，可增加血红蛋白，提高人的抵抗力，以色白或黄、透明、半透明或凝固，无杂质，味纯甜无酸味者为佳。

## 四、料　酒

料酒分黄酒和白酒两类，主要成分是乙醇和少量的酯类。它可以去除膻味、腥味和异味，并有一定的杀菌作用，给制品以特有的醇香气味，使制品回味甘美，增加风味特色，是多数中式肉制品必不可少的调味料。

## 五、食　醋

食醋具有一定的防腐和去腥解膻作用，在肉制品中添加适量食醋，能给人以爽口的感觉，并能增进食欲。

## 六、味　精

味精是一种助鲜剂，化学名称为谷氨酸钠。温度对味精的助鲜作用有较大影响，在 70～90℃下助鲜作用最大。在较低温度下，因不能充分溶解，助鲜作用受到一定影响。反之，在高温下（120～200℃以上）或煮制时间过长，不但助鲜作用受到影响，而且有少量的谷氨酸钠分解成焦谷氨酸钠而失去鲜味并产生微量的毒性。味精在酸性条件下，因溶解度降低，助鲜效果也会受影响，所以在制作酸性食品时均需适当增加添加量；而在碱性条件下，也会发生化学变化，部分谷氨酸钠成为谷氨酸二钠，失去一部分助鲜作用。

## 七、面　酱

面酱是用面粉、食盐等酿成，味咸甜，香鲜醇厚，色黄褐、光亮，在制品中作调味和着色剂。有黄酱和甜面酱两种，其食盐含量分别为＞12％和＞17％，氨基态氮分别为＞0.6％和＞0.3％，总酸（以乳酸计）＜2％。

# 第二节 调 香 料

## 一、香 辛 料

调香料也叫香辛料，把它们添加到肉制品中，能赋予产品一定的风味，抑制和矫正原料肉的腥臭味，有增加食欲、促进消化的作用。天然香辛料用量通常在 0.3%～1%，最好将几种香辛料混合使用。香辛料的种类很多，在这里主要介绍一些禽肉制品生产中最常用的香辛料。

### （一）大茴香

大茴香俗称大料、八角，其果实有八个角，俗称八角茴香，气芳香，味辛、微甜，具有促进消化、暖胃、止痛等功效。因其芳香味浓烈，能使肉失去的香气回复，故名茴香，是我国传统的香料。

### （二）小茴香

小茴香又称小香、小茴香、茴香。气芳香，味微甜或稍苦辣，性温和，有祛风散寒、理气止痛、调中开胃的功能，常用作烹调上的调味香料、五香粉的原料，并有防腐和去膻味作用。

### （三）桂皮

桂皮又叫肉桂、肉桂皮，味甘辛、微辣，有芳香味，其性温，具暖胃、散风寒、通血脉等功效，是一种重要的调味香料，加入烧肉、烧鸡、酱卤制品中，更能增加肉品的复合香气风味。

### （四）丁香

丁香系桃金娘科常绿乔木的干燥花蕾及果实，花蕾叫公丁香，果实叫母丁香。丁香具有特殊浓厚的香气，味辛、微辣，兼有桂皮香味，没有桂皮时，可代替桂皮使用，其药性辛温，具有镇痛祛风、温胃降逆作用，是卤肉制品常用的香料。但丁香对亚硝酸盐有消色作用，所以使用时要加以注意。

### （五）砂仁

砂仁气味芳香浓烈，性辛温，具健胃、化湿、止呕、健脾消胀、行气止痛等功效，含有砂仁的产品食之清香爽口，风味别致并有清凉口感，是肉制品加工中一种重要的香料。

### （六）山奈

山奈又名三奈、沙姜，有较强烈的香气，性辛温，能开郁理气、助消化、辟秽散寒，除湿温中。在肉制品加工中起抑腥提香、调味的作用。

### （七）肉豆蔻

肉豆蔻又称肉蔻、玉果，含脂肪较多，油性大，气味芳香，药性辛温，有健胃促消化、化湿止呕等功效，是西式灌肠中广泛使用的一种香料。

### （八）白芷

白芷多指干燥根部，根圆锥形，外表呈黄白色，切面含糖质，以根粗壮、体重、粉性足、香气浓者为佳品。因其含有白芷素、白芷醚等香豆精类化合物，故香气芳香，具有祛风除腥、止痛解痛等功效，是酱卤制品中常用的香料。

### （九）陈皮

陈皮即橘子皮，气味芳香，有行气、健胃、化痰等功效，常用于酱卤制品，药性苦、辛、温，可增加制品的复合香味。

### （十）草果

草果系姜科多年生草本植物草果的果实。草果的种子含有 0.7%～1.6% 的挥发油类物质，也是一味中药，能暖胃健脾，消食化积。作为烹饪香料，主要用于酱卤制品，可压膻味。

### （十一）花椒

花椒又名秦椒、川椒。多指干燥果实，在果实中的挥发油中含有异茴香醚及芳香醇等物质，所以具有特殊的强烈芳香气。其味辛麻而持久，性辛温，有促进食欲、温中散寒、除湿、止痛和杀虫等功效，是很好的香麻味调料。

### （十二）胡椒

胡椒分黑、白两种，未成熟果实晒干后果皮皱缩而黑称黑胡椒，成熟果实脱皮后色白称白胡椒。在肉制品中多用白胡椒，是西式肉制品的主要香料，其味辛辣芳香，肉制品中加入少许可使产品具有香辣鲜美的风味特色。胡椒是制作咖喱粉、辣酱油、番茄沙司不可缺少的香辛料，同时也是一般荤素菜肴、腌卤制品不可缺少的香辛料。胡椒也常作为中药，性味辛温，具有温中、下气、消炎、解毒等功效，主治寒痛积食、安腹冷痛、反胃呕吐、泄泻冷痢并解食物毒。

### (十三) 月桂叶

樟科常绿乔木，以叶及皮作香料，常用于西式产品中作矫味剂。

### (十四) 姜黄

姜黄性味辛苦，咀嚼后唾液呈黄色，在制品中有发色发香作用，使用时须切成薄片。

### (十五) 葱属百合科多年生草本植物

有大葱、小葱、羊角葱、洋葱之分，其香辛味主要成分为硫醚类，其中有丙基烯丙基二硫化合物、二烯丙基二硫化合物、二丙基二硫化合物，当加热时前两种可以还原为丙硫醇具有特殊的甜味。当葱与肉共煮时可消除肉的不快气味，并且有促进消化液的分泌及杀菌的作用。

### (十六) 蒜

蒜为百合科草本植物地下鳞茎，有白皮蒜和紫皮蒜两种。蒜含有大蒜素（挥发性的硫化丙烯）、氮化物和大蒜油等。蒜味辛辣，可刺激胃液分泌，有促进消化的功效，对多种病菌有杀灭作用，被称为"广谱抗生素"，可治疗多种传染病和寄生虫病。

### (十七) 生姜

生姜是一年生草本姜科植物的肥大根茎，分老姜和嫩姜。主要成分是生姜醇、姜油酮、生姜酚。芳香油含量 $1.3\% \sim 5.5\%$，有特殊的香辣味，能去腥解腻，促进食欲，调整肠胃功能，且有杀菌作用。

### (十八) 辣椒

辣椒是一年生茄科植物的果实，品种很多，有柿子椒、七星椒、菜椒、牛角椒、朝天椒、灯笼椒、黄辣丁、线椒等，青色，成熟后红色，味辣，能促进食欲，增强热力，促进血液循环，有杀菌、杀虫、散寒、除湿、开胃等功效，可以制成辣椒面、辣椒酱、辣椒油等。

## 二、混合香辛料

混合香辛料是将多种香辛料混合起来，使之具有独特的混合香气。它的代表品种有：咖喱粉、辣椒粉等。五香粉用茴香、花椒、肉桂、丁香、陈皮等五种香辛料混合制成，具有很好的香味。咖喱粉主要有以香味为主的香味料，以辣味为主的辣味料和以色调为主的色香料等三部分组成，一般组成比例是：香味料40%、辣味料20%、色香料30%、其他10%。

## 三、合成香料

肉味香精是一类新型食品香精，主要包括猪肉香精、鸡肉香精、牛肉香精等，广泛应用于方便食品、肉制品、调味品、膨化食品、速冻食品和菜肴等中。

# 第三节　品质改良剂

调质料是指能改善食品品质的一类物质，它们大多是食品添加剂。根据它们所起的作用不同，又可分为发色剂、防腐剂、抗氧化剂、增稠剂、保水剂和乳化剂等。

## 一、发　色　剂

在禽肉制品生产中，为使制品产生并保持鲜艳的肉红色，常常使用一些调色料。根据它们的作用机理，调色料可分为发色剂、发色助剂和着色剂三大类。

### （一）发色剂

发色剂本身并无颜色，但能与肉中的肌红蛋白结合形成具鲜红色的亚硝基肌红蛋白结合物，从而使肉制品呈现鲜艳的红色。发色剂主要有硝酸钠和亚硝酸钠，其中亚硝酸钠发色迅速，但呈色作用不稳定，适用于生产过程短而又不需要长期保存的制品，对那些生产过程长或需要长期保存的制品，最好使用硝酸钠。硝酸钠和亚硝酸钠均具有毒性，在特定条件下能与仲胺结合生成亚硝胺，这是致癌物质。因此，我国有关食品卫生标准规定：在禽肉制品生产中，硝酸钠用量应低于 0.5 克/千克，亚硝酸钠用量应低于 0.15 克/千克，成品中残留量以亚硝酸钠计不得超过 0.03 克/千克。

### （二）发色助剂

发色助剂本身无色，也不能与肌红蛋白结合而起发色作用，但它们能加快发色剂的发色过程，并使产生的亚硝基肌红蛋白保持稳定不被破坏。发色助剂主要有抗坏血酸、抗坏血酸钠、异抗坏血酸、异抗坏血酸钠、烟酰胺。一般多使用抗坏血酸钠、异抗坏血酸和异抗坏血酸钠，使用量为 20~50 毫克/千克，烟酰胺的用量为 30~50 毫克/千克。

### （三）着色剂

着色剂又叫食用色素，它们本身就具有颜色，所以能赋予产品以颜色，有天然与人工合成两大类，天然色素一般毒性较小而安全。禽肉制品生产中常用的着色剂有红曲色素、焦糖（糖色）、胭脂红、苋菜红，前两种为天然色素，后两种为合成色素。天然色素的使用量没有限制，胭脂红、苋菜红的使用量最大不超过 0.025 克/千克。

## 二、防 腐 剂

防腐剂是指能杀死微生物或能抑制其生长繁殖的一类物质。在肉制品加工中常用的防腐剂有山梨酸及山梨酸钾、纳他霉素、乳酸链球菌素等。山梨酸及山梨酸钾作用相同，抗菌力不强，但能有效地抑制霉菌、腐败菌、杆菌等微生物的侵蚀，能有效地保持食品的原色原味，使食品长期保存。山梨酸的使用量为 0.2~1.0 克/千克，山梨酸钾的使用量为 0.67~2.68 克/千克，且更易溶于水，使用更方便。纳他霉素是一种多烯烃大环内酯类抗真菌剂，它对几乎所有的酵母菌和霉菌都有抗菌活性，不仅能够抑制真菌，还能防止真菌霉素的产生。纳他霉素具有一定的抗热处理能力，在干燥状态下相对稳定，能耐受短暂高温（100℃），但由于它具有环状化学结构、对紫外线较为敏感，故不宜与阳光接触。纳他霉素活性的稳定性受 pH、温度、光照强度和氧化剂及重金属的影响，所以产品应该避免与氧化物及硫氢化合物等接触。纳他霉素对人体无害，很难被人体消化道吸收，而且微生物很难对其产生抗性，同时因为其溶解度很低等特点，通常用于食品的表面防腐。纳他霉素是目前国际上唯一的抗真菌微生物防腐剂。主要应用于乳制品、肉制品、发酵酒、饮料果汁、方便食品、烘烤食品等的生产和保藏，最大使用量为0.3克/千克。乳酸链球菌素又称尼辛，是乳酸球菌合成和分泌的一种细菌素（乳球菌肽），它对大多数革兰氏阳性菌有抑制和杀灭作用，其抗菌作用的最佳pH条件为6.5～6.8。尼辛是一种短肽化合物，在消化道内很快被酶分解。目前，作为一种安全、无毒、天然的食品防腐剂和抗菌添加剂，已被许多国家和地区广泛应用于食品的保存。

## 三、抗氧化剂

抗氧化剂能有效地防止肉制品在加工保存过程中发生腐败变质。在肉制品中使用效果较好的是二丁基羟基甲苯（BHT），其最大使用量为0.2克/千克。这是一种无毒抗氧化剂，使用时可将BHT与盐和其他辅料拌匀掺入原料内进行腌制，也可将BHT预先溶解于油脂中，再按比例加入肉品或喷洒或涂抹在肠体表面，也可以用含有BHT的油脂生产油炸肉制品。

## 四、增 稠 剂

肉品生产中作为增稠剂使用最普遍的是淀粉。加入淀粉可提高肉品的持水性，改善其组织状态，减少脂肪流失，提高成品率。添加量为原料肉的5%以下，可使用玉米淀粉、马铃薯淀粉、小麦淀粉、甘薯淀粉、大米淀粉等。

## 五、保 水 剂

保水剂也称黏着剂，肉品中常用的是磷酸盐。它不仅能提高肉的黏着力，还能改善产品的弹性、出品率和风味。常用的磷酸盐有焦磷酸盐、聚磷酸盐和偏磷酸盐。磷酸盐类几种混合使用比单一使用效果好，用量一般为原料肉的0.1%～0.4%。磷酸盐有特殊气味，使用量过多可使肉制品风味恶化，且使组织粗糙。磷酸盐在冷水中难溶解，使用时应先置于少量温水中待其完全溶解后再加入肉中。

# 六、乳 化 剂

在肉品加工中，特别是在香肠制品加工中，为了吸附更多的水和脂肪，改善肉的组织状态和风味，除添加磷酸盐外，还常添加一些乳化剂。肉品中常用的乳化剂是大豆蛋白，用量以 5% ～ 7.5% 为宜。此外，也可使用酪蛋白酸钠、奶粉、鸡蛋、海藻酸钠、食用明胶等。

# 第四章

# 鸡肉制品加工 >>>>>

## 第一节 腌腊制品加工

### 一、风 鸡

风鸡为我国南方地区冬季普遍加工的腌腊禽肉制品。产品外形美观，色泽美丽，肉质细嫩，保藏期长。风鸡加工历史悠久，品种因地区差异而有不同，主要以长沙风鸡、成都风鸡、姚安风鸡等为多。冬至前后加工质量最佳。

#### （一）工艺流程

原料选择→宰杀→腌制→风干

#### （二）配方

各地腌制用料有所不同，见表4-1。

表4-1 每100千克去内脏毛鸡用料表 单位：千克

| 配 料 | 成都风鸡 | 绵阳风鸡 | 长沙风鸡 | 长沙南风鸡 | 姚安风鸡 |
|---|---|---|---|---|---|
| 食 盐 | 6～7 | 6～7 | 6 | 3.12 | 9～10 |
| 白 糖 | 1.0～1.5 | — | 4 | 2.5 | — |
| 花 椒 | 0.2～0.3 | 0.2 | | | — |
| 五香粉 | 0.1 | 0.5 | | | — |
| 大茴香 | — | — | | | 0.6 |
| 草 果 | — | — | | | 0.6 |
| 白胡椒 | — | — | | | 0.3 |
| 硝酸钠 | 0.05 | 0.06 | 0.06 | 0.06 | — |

#### （三）操作要点

1. 原料选择 要求鸡健康无病，肌肉丰满，体重1.5千克以上。若加工毛风鸡,选择羽毛鲜艳、有长尾羽的阉鸡或肥壮健美的公鸡,母鸡亦可。

2. 宰杀 颈部放血,肛门开口除净内脏,刀口要小,不去毛(也有去毛的),不能弄湿、弄污羽毛,水不能进入体腔。

3. 腌制、风干 将辅料拌匀,用少量辅料擦遍刀口、口腔、喉部,并挤入颈部气管、食道的空位。从腹腔用小刀不破皮地把腿缝开一小口,用一小撮辅料擦入缝中。然后用辅料反复擦体腔。每 100 只鸡再用冷开水 8 千克,将剩余的辅料溶混,灌入体腔。再用青秆或木炭 1～2 节放入体腔吸收水分。把鸡胴体倒挂或平放在案板上腌渍 3～4 天,然后用绳穿鼻,挂在阴凉通风处,半月后即为成品。腌制时不能堆码,以保羽毛美观。

长沙风鸡加工不同之处是用清水洗体腔,用和好的黄泥涂满肌肤,使粘住每根羽毛,最外层亦要涂满,不使羽毛外露。然后挂于通风处 1～2 个月即为成品。食用时轻轻打除泥壳,羽毛随泥壳除去。长沙南风鸡加工有较大差异,母鸡也可用,浸烫除毛,去翅膀和脚爪。用木炭文火烘烤 16 小时左右,中间翻动 2～3 次。还有风鸭,操作同于风鸡。

云南姚安风鸡的不同点是:将辅料全部放入胴腔,肚腹向上腌 1～2 小时,然后用针缝合体腔刀口,所以也叫封鸡,挂于通风处风干,防止日晒、雨淋。

## 二、板 鸡

板鸡是以鲜鸡为原料,经腌制和烘焙等工序加工而成的食品,一般于冬至后进行加工,春节上市。成品形态美观,腊香浓郁,蒸制、炒制、煮食皆味美可口。

### (一) 工艺流程

鸡的选择→宰杀煺毛→腌制→露晒→包装杀菌

### (二) 配方

腌制料比例:水 100 千克,食盐 3 千克,白糖 2 千克,料酒 1 千克,生姜 200 克,葱 300 克,八角 300 克,桂皮 50 克,花椒 200 克,胡椒 100 克,丁香 50 克,硝酸钠 100 克。以其浸没适量的鸡。

### (三) 操作要点

1. 鸡的选择 一般选择饲养 3 个月左右、体重为 1～1.5 千克的地方鸡为好。

2. 宰杀煺毛　经 12 小时的断食后，采用颈部宰杀放血，热烫煺毛再将鸡的双脚从跗关节处去掉，双翅从腕关节去掉。用刀沿腹中线开膛取出全部内脏，用水洗净。

3. 腌制　将食盐炒至无水蒸气，冷却后待用，然后用鸡重量 2% 的食盐揉擦鸡全身，尤其是胸部和大腿。擦好后一层一层平叠入缸中（皮朝下，最上一层皮肤向上）腌制 6～8 小时。将腌制料按以上配方煮沸、冷却，制成腌制液。干腌后鸡用 40℃ 的温水浸洗，沥干水分，投入腌制液中腌制，在室温下腌制 24 小时。

4. 露晒　将腌制好的鸡从腌制缸中取出，平放在板上（皮朝上），用手压断锁骨，使其呈平板状。再用细绳将鸡挂起，腹腔朝南露晒 4～5 天，至鸡的含水量为 20% 左右即可。

5. 包装杀菌　经露晒后的半成品可直接上市，也可加工成方便即食食品。将半成品用复合铝箔袋进行真空包装，真空度为 0.09 兆帕，然后将包装后的板鸡进行高压杀菌。杀菌条件为：15 分钟—90 分钟—10 分钟（升温—恒温—降温）/121℃。杀菌后的板鸡经检验合格后上市。

# 三、成都元宝鸡

元宝鸡是民间较为普遍加工的一种腌腊制品，以成都一带制作最为驰名。元宝鸡的制作历史悠久，驰名全国，它的特点是形态美观，呈元宝形，体形丰满、具有弹性，皮黄、肉红、有光泽。该产品肉汁丰富，含盐低，但不易保存，只有每年十月以后才能生产，冬至以后是加工元宝鸡的最佳季节，长期以来基本上是鲜产鲜销。

## （一）工艺流程

鸡的选择→宰杀→腌制→洗鸡、造型→晾晒→包装

## （二）配方

按 100 只鸡胴体用调料：食盐 7～8 千克，硝酸钠 20～50 克，白糖 0.8～1 千克，白酒 0.5 千克，花椒粉 200～300 克，五香粉 100 克。

## （三）操作要点

1. 鸡的选择　选用 1.5～2 千克羽毛完整鲜艳、膘肥肉满的健康鸡，以 1

岁龄母鸡为好。在宰杀前应停食 12 小时，使鸡排净粪便。

2. 宰杀 首先颈部放血，然后采用腋下开膛取出内脏，刀口要小，挖出肺叶、喉管、气管，用清水冲洗腹腔，然后用干洁布把膛内和刀口揩擦干净，不去毛且不能弄湿或弄脏羽毛。

3. 腌制 将辅料混合均匀，擦匀于体腔内外和口腔，放入缸内腌制 3～6 天，36 小时以后要翻缸一次，再腌制 36 小时，使作料的香味渗到鸡肉内。

4. 洗鸡、造型 将腌好的鸡取出用清水冲洗体表，并从跗关节处切去鸡爪，再切去翅尖，然后将腿折断，双腿交叉用绳捆紧，插入腹内。再用绳穿过鸡鼻孔，把头颈掰弯，从背上开口处拉入腹内，与腿用绳扎在一起。再将鸡的双翅扭向背上，用一根小棍将背上的小口撑开，使鸡体呈元宝形状。最后把鸡放入沸水中烫 1 分钟左右，使鸡皮绷紧，定型。

5. 晾晒 先用开水冲净鸡身上的杂质和灰尘，并使鸡皮伸展光滑。然后挂在通风处晾晒，一直晒到内外干燥为止（约需 10～20 天）。多晒易走油，少晒要回潮，必须准确掌握，不要晾晒得过长或过短。

6. 包装 将晒干的鸡放入袋中，并加入 5 号吸湿剂，然后在换气包装机上进行 1～2 次换气包装（置换气体为二氧化碳加纯氮脱水纯度为 99.9995％ 的混合气体）。这种换气包装的"元宝鸡"在夏天可保鲜 50～60 天，真空包装同样加入吸湿剂，最多也只能保鲜 15 天。

7. 产品特点 奶黄色，肉肥香嫩，味道鲜美，风味独特。最宜蒸吃，不要加任何作料，以免影响原有的风味。

## 第二节 酱卤制品加工

### 一、烧 鸡

烧鸡是我国传统的酱卤制品，较为有名的有河南道口烧鸡、安徽符离集烧鸡、山东德州扒鸡。烧鸡虽品种繁多，但其加工工艺基本相似。

**（一）工艺流程**

选鸡→宰杀、煺毛→开膛→造型→上色油炸→卤制→保存

**（二）配方**

卤制料配方见表 4-2。

表 4 - 2  去内脏毛鸡用料 　　　　　　　　　　　　　　单位：千克

| 配　料 | 河南道口烧鸡<br>（每 100 千克鸡） | 符离集烧鸡<br>（每 100 千克鸡） | 德州扒鸡<br>（每 75 千克鸡） |
|---|---|---|---|
| 大茴香 | — | 0.3 | 0.05 |
| 山奈 | — | 0.07 | 0.037 5 |
| 小茴香 | — | 0.05 | 0.025 |
| 良姜 | 0.09 | 0.07 | 0.125 |
| 砂仁 | 0.015 | 0.02 | 0.005 |
| 肉豆蔻 | — | 0.05 | 0.025 |
| 白芷 | 0.09 | 0.08 | 0.062 5 |
| 花椒 | — | 0.01 | 0.25 |
| 桂皮 | 0.09 | 0.02 | 0.062 5 |
| 陈皮 | 0.03 | 0.02 | 0.025 |
| 丁香 | 0.003 | 0.02 | 0.012 5 |
| 辛夷 | — | 0.02 | — |
| 草果 | 0.03 | 0.05 | 0.025 |
| 硝酸钠 | — | 0.02 | — |
| 食盐 | 2～3 | 2～3 | 1.525 |
| 白糖 | — | 1 | — |
| 酱油 | — | — | 2 |
| 草豆蔻 | 0.015 | — | 0.025 |

## （三）操作要点

1. 选鸡　无论多大月龄鸡均可作为原料，每批加工的鸡年龄应相似，以 1 年左右、体重 1.5 千克的鸡为好。必须是健康无病的鸡。

2. 宰杀、煺毛　待宰活鸡应空腹 12～24 小时，采用颈下三管（血管、食管和气管）齐断法宰杀，刀口要小，部位正确，宰后尽量放血干净，以保证白条鸡的品质。宰后用 60～65℃的热水浸烫 2～3 分钟，煺净翅毛，在清水中冲洗干净。

3. 开膛　将在水中浸泡的鸡体取出，于脖根部切一小口，用手指取出嗉囊和三管。将鸡身倒置，从两腿后侧龙骨下，用剪刀围绕肛门周围剪开腹壁，成一环开切口，分离出肛门，暴露腹腔内脏器官，左手稳拿光鸡，右手食指和中指伸入腹腔，缓缓拉出肝脏、肠、鸡肫、腺胃、母鸡卵巢与输卵管等内脏器官，将腹腔内脏全部掏尽，清水多次清洗，直至鸡体内外干净、洁白为止。

4. 造型　造型要根据不同烧鸡品种的要求进行操作。烧鸡造型好坏，关系到顾客购买的兴趣。烧鸡品种不同，造型存在差异，各具特色。

(1) 道口烧鸡　先把两后肢从跗关节处割去脚爪，然后背向下腹向上、头向外尾向里放在案板上。用剪刀从开膛切口前缘向两大腿内侧呈弧形扩开腹壁并在腹壁后缘中间切一小孔，长约 0.5 厘米。用解剖刀从开膛切口伸入体腔，分别置于脊柱两侧肋骨根部，刀刃向肋骨，用力压刀背，切断肋骨，注意切勿用力过大，以免切破皮肤。再把鸡体翻转侧卧，用手掌按压胸部，压倒肋骨，将胸部压扁。把两翅肘关节角内皮肤切开，以便翅部伸长。取长约 15 厘米、直径 1.8 厘米的竹竿，两端削成双叉形，一端双叉卡住腰部脊柱，另一端将胸脯撑开。将两后肢断端穿入腹壁后缘的小孔。把两翅交叉插入鸡口腔内，使鸡体成为两头尖的半圆形。

(2) 符离集烧鸡　先将鸡胴体背向下腹向上、头向外尾向里置于案板上。两手分别抓住鸡两后肢脚爪，用力使跗关节屈曲向前，把脚爪从开膛切口处插入体腔。然后把右翅从放血刀口向口腔穿出，左翅按自然关节屈曲向背部反别。

(3) 德州扒鸡　两后肢与符离集烧鸡一样插入体腔。两翅均从放血刀口向口腔穿出，形似鸳鸯戏水。

5. 上色油炸　沥干水的鸡体，用饴糖水或蜂蜜水均匀地涂抹于鸡体全身，饴糖和水之比通常为 4∶6 或 5∶5，待鸡体稍许沥干，再涂一次，然后将鸡体放入到加热至 150～180℃ 的植物油中，翻炸约 1 分钟，待鸡体呈柿黄色时取出。油炸时间和温度极为重要，温度达不到时，鸡体上色就不好。油炸时必须严禁弄破鸡皮，否则皮肤会有较大的裂口而造成次品。

6. 卤制

(1) 配料　不同品种的烧鸡风味各有差异，关键在于配料不同。配料的选择和使用是烧鸡加工中的重要工序，关系到烧鸡口味的调和、质量的优劣以及营养的互补。

(2) 调卤　卤煮烧鸡必须使用该产品配方调制的老卤煮制，才能保证该产品标准、正宗的风味。老卤是由新卤或少量老卤经过若干年和卤煮数万只鸡逐步调制而成。卤汁必须不断调整，否则，卤汁太浓，鸡色深暗，药味、盐分太重；卤汁太淡，鸡色浅，咸味淡，香味不足。调卤方法主要从控制加水量、改变投料量、清除杂沫、控制油层等方面入手，综合考虑。

老卤中含有各种营养成分，如果保管不当易腐败变质，一旦变质就不能使用。在工厂化生产天天卤制的情况下，老卤保管主要是定时过滤、净化，放入洗净、消毒的不锈钢桶中短期存放，若较长时间不用可将卤汁放入 0℃ 以下的冰箱中保存，没有冷藏的情况下应严防污染，经常定期用锅煮沸消毒后再存放。

（3）卤制　将各种辅料按配料中的比例称好，用纱布包好平铺锅底，把油炸的鸡按顺序平摆在锅内，用箅子压着鸡，倒入老汤并加适量清水，使汤面高出鸡体，先用旺火将汤烧开，按每 100 只鸡加 15～18 克硝酸钠，以使鸡色泽鲜艳，表里一致。然后用文火徐徐焖煮至熟。老鸡约 4～5 小时，幼鸡约 2 小时，煮制火候是关键，对烧鸡的香味、鲜味和外形有很大关系。

（4）捞鸡　出锅捞鸡时要小心，确保鸡型不散不破，注意卫生，否则会影响制品质量。要求鸡身色泽浅红，稍带黄底。鸡皮不破不裂，造型完整，咸度适中，鸡肉不碎烂，有浓郁的五香味。

7. 保存　保存烧鸡时要注意选择通风干净处挂存或用笼罩。大量存放时防止压烂变形。夏季可存 1～2 天，春季保存 3 天，冬天稍长一些。

为便于长时间保存，可将卤制好的鸡成品冷却后用袋包装，再进行二次杀菌。如用复合铝箔袋包装，再进行高压蒸煮灭菌，产品可保存半年。用复合透明塑料袋包装，再经微波杀菌处理，产品可保存 15 天。

## 二、保定马家老鸡铺卤鸡

河北保定市马家老鸡铺清真卤煮鸡，成品包装用白洋淀的荷叶。因此，具有地方特色，已传世五代，是保定地区著名的特产食品之一，素以风味独特，形美色艳而闻名遐迩。

### （一）工艺流程

鸡的选择→宰杀→整理→卤煮→整形→包装→保存

### （二）配方

卤煮料：按光鸡 100 千克计，用盐 3 千克，陈年老酱 2 千克，五香粉、小茴香、花椒各 0.1 千克，八角、白芷各 0.15 千克，桂皮 0.2 千克，姜、大蒜各 0.3 千克，大葱 1 千克，适量水。

### （三）操作要点

1. 鸡的选择　主要来自保定周围各县农村。选购标准是：鸡体丰满、个大膘肥的无病活鸡。

2. **宰杀** 活鸡宰杀后，立即入 65～70℃的热水中浸烫、煺毛，不易剔净的绒毛，则用镊子夹取拔净。

3. **整理** 在去毛洗净的鸡腹部用刀开一小口，取出内脏，洗净控干。如果是成年老鸡，需在凉水内浸泡 2 小时，把积血排净。然后用木棍将鸡脯拍平，将一翼插入口腔，另一翼向后扭住，使头颈弯回，两腿摘胯，鸡爪塞入膛内，使鸡体呈琵琶形，丰满美观。这就是当地人们常说的"马家老鸡铺的烧鸡大窝脖"。

4. **卤煮** 在生鸡下锅以前，将老汤烧沸，兑入适量清水，然后按鸡龄大小，分层下锅排好，要求老鸡在下，仔鸡在上。最下面贴锅底那层鸡，鸡的胸脯朝上放，而最上面一层鸡，则要求鸡胸脯朝下放，以免煮熟脱肉。生鸡下锅，再按比例加放调料，上火开煮。先用旺火将锅内物烧沸，等汤沸后再加酱，并且撇去浮沫，用箅子把鸡压好，先用旺火煮，再改小火慢慢焖煮，煮至软烂而不散即可。如是当年新鸡，可不再用小火焖煮。煮鸡的时间依鸡的大小、鸡龄而定。仔鸡约煮 1 小时，10 月龄以上者煮 1.5 小时，隔年鸡煮 2 小时以上。一般多 1 年鸡龄增加 1 小时，对多年老鸡需先用白汤煮，半熟后再放调料、兑老汤卤煮。卤煮鸡的汤可以连续使用，但要及时清锅，每次煮鸡后用布袋过滤，把残渣去掉，下次煮鸡时再添水料。在炎热夏季，隔天不用的老汤，要加热煮沸，防止发酵。

5. **整形** 用专用工具捞出，要趁热整理。方法是用手蘸着鸡汤，把鸡的胸部轻轻朝下压平，使成品显得丰满美观。

6. **包装** 整形完的鸡即可包装。

7. **保存** 卤煮鸡不易久存，随制随销。冬季可存放 10 天左右，春季不超过 5 天，夏天不宜过夜，必要时可以回锅加热，防止变质、变味。

8. **成品特点** 形美、丰满，色泽红艳，浓香味醇，肉嫩鲜美，软而不烂，骨酥透香，食后开胃健脾。

# 三、布 袋 鸡

布袋鸡是山东省夏津县的地方传统名吃，名扬于鲁西北地区，很受广大消费者欢迎。由于鸡形完整无骨，腹中充填了山珍海味，腹腔像袋，故取名为布袋鸡。

## (一) 工艺流程

鸡的选择→宰杀、煺毛→取内脏、割外件→备料→填料→紧皮→油炸→清

蒸→调味

## （二）配料

海参、干贝、鲍鱼、肉丁、火腿、口蘑、酱油、精盐、绍酒、玉兰片、葱末、姜末等适量。

## （三）操作要点

1. 鸡的选择　选1～2年生的无病残的嫩母鸡。

2. 宰杀、煺毛　采用颈部宰杀法。宰杀时，用左手抓住鸡的两翅和头部，使咽喉向上，并用小指勾住右脚，使鸡体固定，不易挣扎，右手持刀，把血管、气管、食管一刀割断。然后浸烫，将鸡体羽毛在热水（水温由60℃逐渐加到80℃）浸烫均匀，并且试拔一下翅羽，轻轻一拔能拔下即可取出。首先要煺去嗉囊、鸡头和颈上的细毛，拔去嘴壳，其次煺净左翅羽，用湿软毛擦净鸡背左半部，最后煺净两侧。残存的细小绒毛要逐一拔除干净。煺毛后用清水彻底冲洗，将浮毛及鸡体上浮着的一层胶液洗干净。

3. 取内脏、割外件　从鸡颈刀口处推至头下割颈骨（皮不要割断），在鸡脖后开1厘米长的小口，用刀自颈部往下剔至尾尖和两条小腿、两翅上节骨、身架骨、内脏，剔出骨头，连头带皮翻剥下来，伸进手掏净内脏，切去肛门、大肠，将鸡皮翻过，成原鸡形，切去翅梢、嘴尖、爪尖，留下翅尖骨和小腿骨。然后用自来水反复冲洗干净，晾干，制坯。

4. 备料　将瘦猪肉洗净，海参、干贝、鲍鱼、口蘑、玉兰片等切成相应形状，并用沸水焯过。炒勺内放入花生油，中火烧至四成熟时，放葱末、姜末、肉丁煸炒后，再放入海参、鲍鱼、干贝、鱿鱼、火腿、玉兰片、口蘑、酱油、精盐、绍酒，煸炒后盛入碗内。

5. 填料　将以上准备的调料自鸡颈刀口处填入其体内，填入的调料量要适当。接着用6.6厘米长的竹针将鸡颈刀口缝住。

6. 紧皮　将填料后的鸡投入低温油锅中油烹紧皮，定型以后就捞出来。

7. 油炸　将紧皮后的鸡移到高温油锅中油炸上色。当炸到鸡表皮面呈金黄色为止。

8. 清蒸　将油炸后的鸡盛在盘里，并加入配制好的清汤、酱油、绍酒、精盐、葱段、姜片进行清蒸合味，一般蒸5小时左右才能成为成品布袋鸡。

9. 调味　将已蒸好的鸡放入盘内（腹朝上），再将蒸鸡的原汤盛入炒勺内，再放入酱油、清汤、鸡蛋花、马蹄、湿淀粉勾芡，沸后撇去浮沫，再加入葱油、味精调匀，浇在鸡上即成。

10. 成品特点　鸡肉呈淡红色，鸡体完整，全身无骨，肉质酥松、嫩烂、鲜美，用筷子一夹立即就有一股清香怡人的鸡肉香味，同时还夹着山珍海味扑鼻而来。

# 第三节　熏烧烤制品加工

## 一、电 烤 鸡

电烤鸡也曾风靡一时，不同地区风味各不相同，一般符合本地区人们的口味。

### (一) 工艺流程

选鸡→宰杀→浸烫煺毛→净腔→浸泡清洗→制卤→浸卤腌制→填料→整形、晾干→烫色、上皮→烤制

### (二) 配方

1. 卤制料　每只鸡需浸泡鸡血水 25 千克、八角 150 克、陈皮 75 克、肉桂 50 克、白芷 25 克、山奈 25 克、草果 20 克、小茴香 15 克、砂仁 10 克、花椒 5 克、丁香 2.5 克、盐 4 千克、白糖 0.25 千克、生姜和葱各 100 克、白酒 200 克。

2. 涂抹料及填充料　香油 100 克，鲜辣粉 50 克，味精 15 克，生姜 2～3 片，葱 2～3 根，香菇 2 块（用黄酒浸湿的约 10 克）。

### (三) 操作要点

1. 选鸡　选用肉用仔鸡，50～60 日龄，体重 1.5～2 千克，这样的鸡肉质香嫩，净肉率高，烤鸡成品出率高，风味佳，经济效益高。

2. 宰杀　用口腔或颈部刺杀法，放血要尽，防止刺杀伤口污染。

3. 浸烫煺毛　烫鸡水温 60～65℃，水温要保持恒定，时间约 1 分钟。大羽毛用煺毛机煺去，要防止扯破鸡皮（鸡皮完好无损是电烤鸡质量的关键），拔去尾毛，人工或用食用蜡、油将绒毛除尽。

4. 净膛　煺毛后的鸡采用腹下开膛，刀口为 4～5 厘米，将内脏全部拉出，注意不能把胃肠、胆囊弄破污染膛体，同时将肺、食管、血块、脚皮

除去。

5. 浸泡清洗　净膛后的鸡在水中浸泡，将口腔及内膛洗净，除尽血水。

6. 制卤　将八角 150 克、陈皮 75 克、肉桂 50 克、白芷 25 克、山奈 25 克、草果 20 克、小茴香 15 克、砂仁 10 克、花椒 5 克、丁香 2.5 克用纱布包扎好，然后用浸泡鸡血水 25 千克（除去污物）倒入锅内加盐 4 千克，煮沸后用文火烧 0.5 小时，撇去浮浊物和血沫，加糖 0.25 千克后滤入浸泡缸中，待稍冷后在卤中加入拍扁的生姜、葱各 100 克，白酒 200 克，冷却后使用。

7. 浸卤腌制　先将洗泡后的鸡体腔内灌满卤，然后叠放于浸泡缸内，上面覆压重物。夏季一般为 2～3 小时，春、秋季为 4 小时左右，冬季为 6 小时左右。

8. 填料　向每只鸡的腹腔内填入风味调料。把腌好的光鸡放在操作台上，用带圆头的棒具，蘸约 5 克左右的调料插入腹腔向四壁涂抹均匀。腹腔涂料为：香油 100 克、鲜辣粉 50 克、味精 15 克搅拌均匀而成。再向每只鸡腹腔内填入生姜 2～3 片、葱 2～3 根、香菇 2 块（用黄酒浸湿的约 10 克），然后用钢针缝合开口处，不让腹内汁液外流。

9. 整形、晾干　用特殊的铁钩，钩入鸡的腋下，然后将鸡颈盘绕于钩上，再用竹扦撑开两腿，使其体型美观大方，利于烤制。将造型好的鸡用挂钩钩住双翅根部，挂在架上，将鸡体表水分晾干。

10. 烫色、上皮　为了有利于下步工序的顺利进行和保证成品品质，必须对鸡体进行烫皮、上色。烫皮用沸水淋烫 10 秒左右，待皮肤紧缩丰满即可。烫皮要均匀，不可过度，烫皮后立即上色。糖液配比为：饴糖 40%，蜂蜜 20%，黄酒 10%，水 30%。糖液倒入铝锅内，在炉上烧沸时，将鸡体全部浸入 0.5 分钟左右，这是将烫皮和涂色两道工序合并进行，使鸡体胀满，表面光滑油亮，使烤制成品形成脆皮和有色感。鸡表面不能沾有水、油，否则糖液涂不均匀，形成花斑。涂色后应将鸡挂在架上风干，否则会影响烤制质量，糖液会焦黏炉底，产生油烟味。可采用浸渍或涂刷。如采用涂刷法，一般要涂 2～3 次，自上而下均匀涂刷，待第一次干后，再涂第二次，在鸡坯进入烤炉前再刷一次。

11. 烤制　把电烤炉温迅速升至 230℃，将鸡迅速放入，恒温烤制 5 分钟，这是用高温使鸡皮毛孔迅速紧闭，形成脆皮，防止鸡肉汁液大量溢出，成品干硬而丧失营养成分，失去应有的口感，5 分钟后打开烤炉排气孔，将温度降到 190℃ 烤 20 分钟，这时鸡皮已焦糖化。打开炉门，取一只鸡抽钢丝针倒出少量汤液，汤液若是淡褐色即可关闭加热器，焖 5 分钟后出炉；若是带红色汤液，说明未到火候，继续烤几分钟验汤后，再关闭加热器焖 5 分钟后出炉。出炉后的鸡，鸡腹朝上，放入盘内，防止汤汁流失，脱去挂钩、钢丝针。

**12. 成品规格**

（1）**色泽** 表面呈金黄略带枣红色，鸡肉切面鲜艳发亮、白色或微红色，脂肪呈浅乳白色。

（2）**组织状态** 骨肉切面细腻、压之无血、水，脂肪滑而脆，鸡骨酥脆。

（3）**气味** 具有电烤鸡应有的香味，无异味、无异臭。

## 二、常熟煨鸡

煨鸡又名叫花子鸡，是江苏常熟著名特产之一。已经有 100 多年历史，具有异香扑鼻、肥而酥烂、油嫩味美等特点，因而驰名全国。煨鸡是以煨烤而著称，主料要选择得当，配料要丰富，烹饪要得法，才能使成品的色、香、味俱佳。

### （一）工艺流程

鸡的选择→制鸡坯→配料的加工→填料包扎→烤制

### （二）配方

每只鸡需要虾仁 25 克，鲜猪肉（肥、瘦各半）150 克，熟火腿 25 克左右，水发香菇 25 克，鸡肫 100 克左右，猪网油或鲜猪皮若干（大小以能裹住鸡体即可），酱油 150 克，白糖 25 克，食盐 20 克，黄酒少量，熟猪油 50 克，大茴香 2 粒，丁香 2 粒，生姜片 15 克，玉果 1/3 粒，肉豆蔻少许，味精、麻油、葱白、甜面酱少许。

### （三）操作要点

1. **鸡的选择** 选用每只重在 1.7 千克左右、鸡龄约 1 年的当地鹿苑鸡或三黄鸡，以未产过蛋的嫩母鸡为佳，肥度要适中，健康无病。

2. **制鸡坯** 把选来的鸡采取颈部切割法放血，刀口大小要适宜，保证放血良好。血放净后，立即投入 65℃热水中浸烫 1 分钟左右，捞出煺净毛，撸净嘴壳和脚上老皮，斩去鸡爪，然后在翼下开口，取净内脏，摘净嗉囊、气管、食道，洗净鸡体内外，用刀背拍断鸡骨，但不能破皮，然后在酱油中浸30～60 分钟，取出沥干水分。

3. 配料的加工　先将熟煮猪油放在锅内，用旺火烧热，将香料、葱、姜放在油中略爆后，再投入肉丁、熟火腿、猪肉片、虾仁等配料，边炒边加酒、酱油和调料，炒至半熟即可起锅。

4. 填料包扎　将炒好的馅料（不要带汤），从鸡的翼下刀口处填入腔内，把鸡头弯曲进刀口内。并在每只鸡的两腋下各放入一粒丁香，鸡体上均匀地撒上 10～15 克精盐。用猪网油或鲜猪皮将鸡坯包裹起来（最好是在猪网油外面包一层豆腐衣）。然后将干荷叶、细绳用热水浸泡，并用冷水清洗，剪去荷叶柄，用荷叶正面抱住鸡体，再包裹成卵圆形，用绳子扎紧。最后用盐水和成的瓮头泥土糊在外面，厚度要求均匀，约 1.5 厘米厚，两头可略厚一些。涂抹好以后，用水抹光表面，再包上一层纸即可。注意瓮头泥要用盐水搅拌，盐用量一般为每只鸡 100 克，用水溶化后再和泥搅拌均匀，否则烧时泥要裂开或脱落，影响质量。目前，有的地区改用面粉加水搅拌均匀后代替瓮头泥，效果也很好。

5. 烤制　将包好的鸡放入煨鸡箱内，先用旺火烤 40 分钟左右，基本上把泥烘干，改用微火，每隔 20 分钟翻一次，共翻 4 次，最后用微火焖 1 小时左右。火烤时间长短，要根据鸡的新老大小决定，一般一只鸡需要 4 小时左右。煨好后除去干泥，剪断绳子，去掉荷叶、肉皮，装盘上桌，浇上麻油，与甜面酱、葱白同食。烤鸡时一定要加盖保温，适时翻烤，既要防止烤焦，又要防止不熟。目前，有的地方已经改用电热丝控温操作。

6. 产品规格　色泽金黄光亮，香味诱人，肉质肥嫩，鲜美绝伦。理化指标和微生物指标均符合国家标准。

# 三、什香味鸡

什香味鸡又名泥烤鸡，因为是用泥烤方法制成的，其加工方法近似于常熟叫化鸡，但又不尽相同。它具京苏风味的特点，其特点是原汁原味、肉质肥嫩、清香浓郁、酥烂鲜美，风味别具一格。

## （一）工艺流程

鸡的选择→炒料→宰杀、煺毛、洗净→腌制→填料、包鸡→包裹→涂泥→烤制

## （二）配方

炒料：每只鸡需瘦猪肉 10 克、猪网油一张（约重 250 克）、鲜笋 100 克、

水冬菇 50 克、京冬菜 25 克、精盐 10 克、酱油 30 克、白糖 10 克、味精 2 克、绍酒 50 克、生姜 25 克、葱 20 克、花椒 10 粒、桂皮 1 小块、熟猪油 25 克、肉清汤 50 克。

**(三) 操作要点**

1. **鸡的选择** 健康的活仔鸡 1 只 (约重 1.5 千克)。

2. **炒料** 把水冬菇及京冬菜的蒂、杂物去掉,生姜去皮、洗净,葱去根、黄叶并洗干净,连同冬笋、瘦肉一起,再次洗净沥干。荷叶用开水烫,晾干。将猪网油洗净,晾在筛笼底部。用水均匀打湿白布。敲碎酒坛盖泥,用盐水泡软、和好。瘦猪肉、冬菇分别切成丝,葱拍松切段放入碗内,加入酱油 20 克、味精 1 克、绍酒 40 克、桂皮、花椒等,勾成卤汁。在炒锅内放入熟猪油 25 克烧热,放入猪肉丝略炒,再放鲜竹笋丝、冬菇丝略炒,加入酱油 10 克、白糖 5 克、味精 1 克、肉清汤 50 克烧沸,放入京冬菜,用手勺推动,略炒半熟,离火装盘冷却。

3. **宰杀、煺毛、洗净** 仔母鸡宰杀放血,放在热水中略烫,煺毛,在右肋下开 1 小口,取出内脏,抽出气管、嗉囊,洗净沥干,放在砧板上,用刀背敲断翅骨、膀、腿及颈骨。

4. **腌制** 在鸡大腿处直划一刀,砍去鸡骨爪、嘴尖,放在盘内,倒上卤汁,在鸡内外反复摩擦,腌制 20 分钟。

5. **填料、包鸡** 将冷透后的盘中料,从刀口处装进鸡肚内,将鸡头也塞进刀口。将蛋清放碗内,加葱末、干淀粉搅匀成糊,将网油铺在案板上,抹上鸡蛋糊,将鸡摆上包好,网油外面再包上荷叶,然后用细绳子扎好待用。

6. **包裹** 从卤汁中取出鸡,去除花椒等调料,从鸡肋小口处灌入香料后,将鸡腿平贴鸡脯,鸡翅紧贴鸡脯,鸡头、颈紧贴脊背,用猪网油将鸡裹紧,外面裹一层荷叶,包上玻璃纸后,再裹上荷叶一层,用麻绳将鸡捆扎成鸭蛋状。

7. **涂泥** 将酒坛泥均匀摊在湿布上,将鸡放在泥中间,将布四角卷起来裹紧后,去除湿布,预先将黄泥用水泡开拌透掼黏,用手将泥糊匀,厚约 1.6 厘米。再用旧报纸包好,即可上炉烤制。

8. **烤制** 用豆秸烧成一堆火炭,将鸡放在火炭上 (鸡上面架豆秸) 烧烤半小时。将鸡翻身,上面加豆秸燃烧半小时。最后将鸡埋在火炭中焖 3~4 小时。取出,去泥壳、荷叶、玻璃纸和猪网油渣,整鸡装盘即可上桌食用。

9. **成品特点** 色泽黄润,外焦里嫩,馅心鲜香。

# 四、北京天德居熏鸡

北京的熏烤鸡由来已久，其中以天德居熏烤最著名，至今已有100多年的历史。其特点是清香味鲜，富有回味。

## （一）工艺流程

鸡的选择→宰杀、煺毛、开膛→造型→卤煮→熏烤→涂油

## （二）配方

卤煮料：按10只鸡去内脏后重量计算（每只1.25千克），用酱油、盐各125克，花椒、八角、桂皮各25克，姜5克，葱2段，黄酒62.5克。

## （三）操作要点

1. 鸡的选择　健康无病、单体重约1.25千克的活母鸡或公鸡1只。

2. 宰杀、煺毛、开膛　将活鸡杀死后，放进60℃热水里均匀烫毛。烫半分钟左右，用手试试，如能轻轻拔掉毛，即赶快捞出来，投入凉水里，趁温迅速拔毛，然后腹下开膛取出内脏，洗净，再放入清水中浸泡2~3小时，捞出沥水。

3. 造型　将净膛鸡放在案板上，用棍或刀打平鸡脯并砸断鸡大腿，用剪刀横着剪断鸡胸骨尖端的软骨，再从剪断处插进剪刀，剪断胸骨，把双腿塞进鸡腹腔里，腿骨节交叉折入体腔内，头颈压入翅下，再用小竹撑开膛腔。

4. 卤煮　将卤煮料和整好形的鸡放入锅内煮沸，取出后把鸡体内的血液全部控出，再把浮在汤上的泡沫捞出弃去。然后倒入配料，重新放入鸡，翻动2~3次，继续煮沸1小时后取出熏制。

5. 熏烤　用锯末如柏木末和杨柳木末做燃料生烟，将煮熟后的鸡摆在铁丝网算子上熏制。熏制过程中，将鸡全身翻动，熏烤5分钟即可。

6. 涂油　取出熏好的鸡，用软毛小刷子蘸香油，往熏好的肉上涂抹。夏天涂抹鸡油（这样可以降低成本），冬天涂抹香油。因为冬季天气寒冷，鸡油易凝固，不能发出亮光，看上去不美观。

7. 保藏及食用　春、秋两季在通风阴凉处保藏，夏季宜随制随销。切块凉吃、蒸吃或炒吃均可。

8. 产品特点　鸡体完整，不破不碎，色泽红黄油润，清香鲜美。

## 五、沟帮子熏鸡

辽宁沟帮子熏鸡创始于清朝光绪年间，已有超百年历史。产品经过十一道工序和配用二十一种中草药及多种调料精制而成。它是辽宁著名的地方特产，具有造型美观、色泽鲜明、口感舒适、油而不腻等特点，深受广大消费者欢迎。

### （一）工艺流程

活鸡选择→宰杀放血→水烫煺毛→摘除嗉囊→开膛取脏→造型→浸泡→煮制和打沫→熏制→抹香油→检验、包装

### （二）配方

卤煮料：400 只鸡需砂仁、肉豆蔻各 50 千克，丁香、肉桂、山奈、白芷、陈皮、桂皮、花椒、八角各 150 克，姜 250 克，香辣粉、胡椒粉各 25 克，盐 10 千克及少量味精等。

### （三）操作要点

1. 活鸡选择　选择精神活泼、被毛整齐光亮、胸腹部及腿部肌肉丰满发达、皮肤表面没有病灶和创伤的活鸡，鸡体大小适宜，一般每只重 1.5 千克左右。最好应选当年或一年生的公鸡或产蛋用的下架鸡。

2. 宰杀放血　出于产品整形的需要，采取刺颈放血法放血。从鸡的喉头底部下刀，切断颈动脉血管。刺杀的刀口，以 10～15 毫米为宜。过小会造成放血不良，鸡体呈红色，影响熏鸡的色和味；过大，易于污染，影响熏鸡的卫生质量和外形完整、美观，注意别把头剪掉拉断，因为头掉下来后就没法造型。

3. 水烫煺毛　烫毛之前，先干拔脖毛，再干拔背骨毛和尾毛。母鸡只拔脖毛和背骨毛。拔完干毛后，再放入 65℃ 左右热水中浸泡 2 分钟，老鸡要适当长一些。边泡边翻动，然后捞出，从头到尾、到脚，把毛、老皮和硬壳去净。煺毛时，必须注意四点：①水温不宜过低、过高。过低，毛就烫不下来；过高，不但会把毛烫住，而且还会烫裂皮肤，鸡体表变成黄色，影响熏鸡的色泽和外观。②烫毛时间不宜过长、过短。过长，会把毛烫老，煺不下来；太短，毛没烫好，也煺不净，硬拔会扯破表皮，容易污染，影响质量。③煺毛时，先煺鸡冠、肉垂附近的绒毛，同时把嘴、腿和脚上的老皮一起煺掉，否则在造型时两腿伸入膛内，易造成内膛污染。④煺净大毛以后，再用酒精喷灯喷

燎，把整个白条鸡体喷烧几遍，直到毛净为止，但不要烧焦鸡体表面。

4. 摘除嗉囊　从鸡的两翅根中间下刀，刀口以 3～4 厘米为宜。用左手大拇指顶住鸡嗉囊，右手握住嗉囊拽出。不可拽破，一旦拽破，立即用清水反复冲洗干净。

5. 开膛取脏　从鸡的肛门底部下刀，刀口以能伸进五指为宜，口子不能拉大，口子太大，不好造型。手伸入后，握住全部内脏，往外掏净，并用常流清水反复冲洗膛内，直到无血污和杂质为止。不可掏破内脏，否则，立即用 1‰过氧乙酸水冲洗、消毒、灭菌，然后用清水冲洗干净。

6. 造型　用片刀背将两鸡大腿骨打断，并敲打各部肌肉，使其松软，利于调味料渗透和吸收，保证熏鸡的特有风味。然后用剪刀从鸡胸部皮层下插入，剪断胸部的软骨，把鸡腿交叉插入腹腔内。接着把右翼翅膀从宰杀刀口插入，从嘴穿出。将左翼翅膀背回，最后用细绳将两腿与肛门开口部位连同尾部脂肪一同捆在一起。扎后鸡体要求绷直，不歪斜。

7. 浸泡　用洁净的流水（3～4℃）浸泡 3～4 小时。水温一定不能过高。过高，会产生异味，一直浸泡到水变清、毫无血色为止。

8. 煮制和打沫　将浸泡好的鸡放入老汤锅中慢火煮沸，边煮边上下翻动，一直煮沸 2 小时左右，老年鸡需要 4～5 小时。要注意把泡沫子打掉，不然会影响熏鸡质量。煮熟后捞出晾干。

9. 熏制　将煮熟的鸡，摊放在中间有孔的铁帘上，放入熏锅内，把锅烧热到锅底微红时，立即抓一大把糖投入锅底，迅速盖严锅盖，待 2～3 分钟后，揭盖逐个翻动熏鸡，再投入糖汁熏另一面。大约熏 100 只鸡，需糖 1～1.5 千克红糖或白糖。

10. 抹香油　熏好的鸡取出来之后，趁热立即刷上香油，要求均匀、全面。这样既保证熏鸡有光泽，同时又能防止干耗，增加耐藏性。

11. 检验、包装　熏鸡的含水量不得超过 60%，含盐量不得超过 3%，细菌总数每克不得超过 1 000 个，大肠杆菌群每 100 克不得超过 40 个，亚硝酸盐和致病菌均不得检出。经检验合格后，把熏鸡摊凉透后，即可以包装出厂销售。

12. 产品特点　色泽枣红，肉质雪白，烂而连丝，造型美观，质略干爽，不嫩不焦，味鲜可口，咸淡适度，散发出较浓的芳香肉味。

# 六、盐焗鸡

盐焗鸡是客家传统的名肴，其前身是客家人民的盐腌鸡，已有 300 多年历史。因其源于广东东江一带，故名东江盐焗鸡，是广东惠州的地方特产，具有皮爽肉滑、味醇香、肉质细嫩、骨头酥脆的特点。如今，盐焗鸡已经香飘广东各地，并闻名海外。

### （一）工艺流程

活鸡选择→宰剖→制坯→盐焗→精调

### （二）配方

按一只鸡（约 1.25 千克）计。

1. 盐焗料　一小块姜（约 5 克），一根葱，一只八角，食盐 2 千克。

2. 拌食料　猪油 50～100 克，麻油 15 克，熟盐 10 克，沙姜粉 5 克，味精 5～10 克。

### （三）操作要点

1. 鸡的选择　选用毛重约 1.25 千克的惠阳鸡或三黄鸡，要求未产过蛋的当年母鸡，经育肥后，胸肉饱满，健康无病。

2. 宰杀　将活鸡宰杀，放净血，入热水内浸烫后煺净羽毛，开膛取净内脏，洗净鸡身内外，挂起晾干水分。

3. 制坯　把宰好的鸡，从跗关节处割除脚爪。用刀背从颈基部打断颈骨，以便使头颈贴附于脊背上，分别在鸡翅膀两边各划一刀割断筋，使鸡翅骨分离，敲断脚骨，不要破损皮肤。隔开翅部肘关节角内皮肤褶，以便使翅伸展于体侧。将一小块姜（约 5 克）、一根葱、一只八角放入鸡膛。在一张砂纸（皮纸）上均匀、薄薄地涂上一层花生油，将鸡包裹好（不能露出鸡身）。

4. 盐焗　用 2 千克盐放在铁锅内（底深的锅较好），旺火烧热炒锅，把粗盐粒炒至炽热（会发出响声），将 1/4 的热粗盐倒入瓦煲内垫底，然后放入包裹好的鸡（脊背朝下），再放入 3/4 的粗热盐覆盖在鸡的上面，加上瓦煲盖，置火上用微火焗制。在瓦煲边沿加入适量清水（加速焗制中的热传递），再用湿布将瓦煲边沿捂严，焗约 30 分钟，触摸瓦煲盖烫手，同时边沿散发有清香、甜气味逸出，鸡即焗熟。

5. 精调　取出去掉砂纸，斩数件装盘成鸡形，用菊花点缀，同时还要配带调味汁（用猪油、香精、细盐、砂姜粉、味精等调制而成）。

6. 成品特点　色泽金黄，肉质细嫩，味道清香，皮爽脆，骨酥软，鲜美可口，风味独特。

# 第四节　油炸制品加工

## 一、金陵脆炸鸡

### （一）工艺流程

活鸡选择→宰杀→烫水煺毛→开肚取脏→分割→腌制→浸汁与滚粉→油炸

### （二）配方

按一只鸡（约1.5千克）计。

1. 腌制料　水1千克，盐130克，葱30克，姜10克，糖20克，黄酒50克，香菇5克，丁香5克，八角5克，花椒5克。

2. 浸汁用料　水500克，鸡蛋2枚，奶粉60克，鲜辣粉12克，糖60克，精炼油125克，面粉250克，味精2克。

### （三）操作要点

1. 鸡的选择　选用50日龄、体重1.5千克左右的健康肉用仔鸡。

2. 宰杀　先把鸡的双脚绑在一起，然后左手横执鸡翅，用小指钩住一只鸡脚，用拇指和食指捏着鸡头使其朝上，鸡便不能动，右手持刀在鸡颈近头部处割断鸡的软硬喉管，然后放下刀，右手拉长鸡颈放血，血要放净，血排不净时肉色会变红。

3. 烫水煺毛　用70～80℃的热水（天冷水要热些）放在木盆里，手持鸡的双脚，将鸡头放入水中摇摆两下，再将鸡身放入热水内，随手左右翻动（烫水务必待鸡完全死去才进行，否则毛难除净），约烫5分钟（看鸡多少而定），拿出放入冷水盆里煺毛（鸡受高热过久，容易脱皮，影响美观，同时如果皮下脂肪外溢，炸制时会影响产品的上色。）。煺毛先从鸡的颈部向头部倒煺直至头部，顺手煺背部、翅部、腿部、翻转鸡身煺胸部和尾部。煺尾毛时要抓住长的尾毛向左扭拔，如果直拔就会有毛钉拔不出来，依附在鸡尾上。最后拔去嘴壳、耳膜和脚衣。

4. 开肚取脏　先在鸡脖上靠右边近鸡脊处，用刀直开约3.3厘米的口子，取出气管、食道（软硬喉）和食包（食囊），然后在跗关节下斩去鸡脚（不要斩在跗关节以上，因熟时皮肤收缩露出鸡腿骨不美观，影响质量），再将鸡胸向上，左手压住鸡的两腿处，右手用刀尖在胸骨尾近肛门处直割 3.3 厘米长的口，用食指和中指插入鸡体腔内，找到肝和肫，轻轻钩住拉出，鸡肠也随着拉出，挖净鸡肺，将鸡肝上的胆囊轻轻摘除，保持鸡肝完整待用，最后挖去肛门上的肠头蒂，用冷水冲洗干净。

5. 分割　将宰杀冲净的鸡胴体分割成小块，分割顺序为去头、脚爪→从腰部横切下两腿→沿两腿中线均分→从关节处切分大、小腿→下两翅→横切下胸肉→沿中线均分胸背肉，最终分成 9 块相等大小的炸鸡块原料。

6. 腌制　首先按腌制液配方准确称取各种香辛料，然后用纱布包好，加热煮沸，冷却至室温加入黄酒，搅匀腌制液备用。在 20℃的条件下，将鸡块没入腌制液中腌制。腌制时间为，鸡翅 10～15 分钟，腿和胸肉腌 15～20 分钟，腌制时间可随腌制环境温度适当调整。腌后，捞出置于瓷盘中。

7. 浸汁与滚粉　按配方准确称取各种配料，鸡蛋去壳打匀，油炼熟，然后将所有配料倒入容器中搅匀呈稀糊状待用。然后配制揉搓粉，按淀粉：面包渣：芝麻比例为 5：4：1 称取各组分。面包（或馒头）经烘箱烘干，用搅磨机搅成粉粒。芝麻经水洗、烘、磨碎，然后混合备用。接着浸汁、滚粉，将腌制好的鸡块放入浸汁中浸蘸，然后用漏勺取出沥干液汁，再逐一放入滚粉中揉搓，使鸡块表面均匀涂满 2 毫米厚的滚揉粉，分放平盘待炸。

8. 油炸　将棕榈油或精炼油倒入压力油炸锅内，待温度升至 150℃时，将鸡块放入炸锅，盖上锅盖，当压力达到 80 千帕时，维持 4～6 分钟，鸡块呈金黄色时即可出锅。出锅的炸鸡块，应放在具有保温设备中保存，以保持炸鸡外脆里嫩的特点，处在最佳的风味状态。

9. 成品特点　色泽金黄，皮脆，肉香，味鲜美。

## 二、香酥鸡块

香酥鸡块也叫华飞香酥鸡块或台湾香酥鸡块，经过几十种名贵中药材腌制及名贵香料精心调制，辅以纯正色拉油烹炸，加以正确的油温及方法，外用多种作料调拌而成。其成品外酥里嫩，香气扑鼻，入口纯香，回味悠长，且营养价值非常高，含人体所需的多种维生素和氨基酸。

### （一）配方

1. 腌制液　水 83 千克，食盐 17 千克，白糖 2 千克，葱 0.5 千克，姜 0.6 千克，花椒 200 克，大茴香 100 克，桂皮 80 克，丁香 60 克。以浸没适量鸡块为宜。

2. 浆糊配方  小麦面粉 28.5%，鸡蛋液 28.5%，白糖 13.6%，花生油 13.6%，水 15.8%。

## （二）工艺流程

活鸡选择→宰杀净膛→切块→腌制→滚粉→挂糊及蘸面包渣→油炸

## （三）操作要点

1. 鸡的选择  选用 50 日龄、体重 1.5 千克左右的肉用仔鸡。

2. 宰杀净膛  采用颈部放血，趁鸡身热，放至 60℃ 左右的热水中浸烫，煺毛，断爪，再从后腹横切 7～8 厘米的口子，掏出内脏，割去泄殖腔，洗净体腔和口腔，沥干。

3. 切块  屠宰加工后的白条鸡，先进行分割，取腿、翅、胸脯肉。然后再切割成 10 块，包括大腿肉 2 块、小腿肉 2 块、翅 2 块、胸脯肉 4 块。将切割的肉块用清水洗净、沥干。

4. 腌制  按配方先把香辛料用纱布包好入锅与水同煮，烧沸 10 分钟后再加入食盐和白糖，溶解均匀，冷却后即为腌制液。腌制时，将大小腿、翅、胸脯肉分别放入腌制液中，肉块要全部淹没在液面以下。腌制时间，大小腿 10 分钟、翅 5 分钟、胸脯肉 8 分钟，腌好后捞出沥干。腌制液每用一次要适当补加食盐，使食盐浓度保持在 17 波美度左右，用几次后要煮沸一次，以防变质，同时补加香辛料和糖。

5. 滚粉  肉腌制好后，放在案板上，撒入优质小麦面粉。将肉块在面粉上揉搓按摩，以利于配料向肉组织内部渗入，同时将肉块表面蘸一层面粉。

6. 挂糊及蘸面包渣  按浆糊配方将各种材料混合在一起，搅拌调制均匀即成挂糊用浆糊，每 5 千克鸡肉块约需浆糊 1 千克。面包渣是用面包经烘干后粉碎而成，也可用馒头制成馒头渣来代替。将滚粉后的鸡肉块放入浆糊中，使肉块表面均匀挂上一层浆糊，然后用镊子夹起稍沥。随后放在面包渣上，使其表面均匀蘸上一层面包渣，立即进行油炸。

7. 油炸  炒锅放火上（火要旺），加植物油，油要浸过鸡块，油温 150℃ 左右。要控制好肉量与油量和油温之间的关系，油温不要波动太大，要保持基本恒定。当油热后，将鸡块放入锅内，当鸡块浮起后，要不停地翻动，两面翻炸，炸至金黄色后，捞出，沥干，码在盘内。同时，另取 2 个小碟，分别装入辣酱油和胡椒盐（盐在热锅中炒至微黄色，再加入少许胡椒面），以备蘸食香酥鸡块。

8. **成品特点** 不同上色方法的炸鸡有如下特点：涂酱油的鸡，炸制的鸡皮为金酱红色。蘸一层玉米粉或干淀粉的鸡，炸制后呈金黄色，酥香度高于前两种方法制作的鸡。

# 三、油 淋 鸡

油淋鸡采用烹调技术中一种特殊的油淋炸法，既发扬炸菜香脆之长处，又保留原料鲜嫩之特色，是一款大众菜，全国各地都有各自的做法与特色。油淋鸡的特点是表面金黄，皮脆肉嫩，香酥鲜美，主要有湖南油淋鸡、浙江油淋鸡和广东油淋鸡。

## (一) 配方

调味料：每只鸡需葱段、醋、白糖、芝麻油各 15 克，姜块、蒜末各 10 克，酱油 35 克，绍酒 25 克，味精少许，花椒、姜末各 5 克，香菜叶少许，鸡汤 40 克，熟猪油 1 千克。

## (二) 工艺流程

活鸡选择→宰杀处理→二刀工艺→腌制→水烫、烘烤→油淋

## (三) 操作要点

1. **鸡的选择** 选择当年的肥嫩健康、活泼的母仔鸡，体重不超过 1.2 千克为宜。

2. **宰杀处理** 将鸡宰杀后去毛、洗净、平放在案板上，从桡骨、尺以下去翅，自胫骨以下去爪，使鸡头朝向操作人，在右翅膀下开 2～3 厘米切口，伸入手指先将食道、嗉囊、气管轻轻拉出，随后将心、肝、肠、肌胃等一并取出，挖出肺叶。用水漂洗，沥干水分。

3. **二刀工艺** 用刀从脊背中间自脖颈至后尾劈为两半，掰开剁去胸骨。在靠近鸡头处砍断鸡颈，剁去嘴、爪，用刀背砸断鸡翅大拐弯处。在鸡大腿、小腿内侧各拉开一刀口，把小腿骨砸断抽出（大小腿之间的关节保留）。再将大腿下关节处砸断，在刀口处抽出大腿骨、从脊骨中间剁成两段。

4. **腌制** 将鸡肉放入盆内，加入酱油、料酒、姜汁、小茴香（用刀拍碎），腌半小时左右，取出用净布擦干水分。

5. 水烫、烘烤　用长 6.5～7 厘米、宽 1.5 厘米木条,从切口插入体腔,将背、胸撑起,放入沸水锅内烧烫,使鸡皮伸展。然后取出,用布把鸡体抹干,取 1∶2 的饴糖水少许放入手心,从上至下将鸡体涂匀。然后用 5 厘米的竹扦分别将两翅撑开,用一根切成斜口的细竹筒,插入鸡的两腿进行吹气,然后送进烤房,烘房温度保持在 65℃左右,注意排湿,将鸡烤干,等表皮起了皱纹便可。

6. 油淋　备铁锅一口。把鸡的两翅用 5 厘米长竹扦撑开,肛门用小木塞塞紧,颈部挽成圆圈,用小铁钩挂起。在铁锅内将植物油加热,左手持小铁钩将鸡提起,右手用小勺舀油,反复往鸡体上淋,顺序是先淋鸡胸、鸡腿,后淋鸡背,鸡头,肉厚的部位多淋几次。油温要适当,以 190℃左右为好,以免外部鸡皮起壳发糊,而里面难熟。油淋约 8～10 分钟,待鸡体呈金黄色、发亮、有皱纹时,表明已经淋熟。取出体内竹扦和肛门木塞,1 小时后观察,如从膛内流出清水,即为成品。如从膛内流出浑水,说明还没有熟,须再淋几次,直到达到成品要求为止。之后浇上调味汁。

7. 成品特点　色泽金黄,香脆鲜嫩,外脆里嫩,鸡呈原形,嚼味悠长。

# 四、香 酥 鸡

香酥鸡是把肉用仔鸡用具有保健功能的 10 余种香辛料、调味料处理后,用压力炸锅在低温、高压、短时条件下炸制,炸出的成品不仅能充分保持其本身的营养成分,并且具有风味独特、外酥里嫩、色香味佳、香而不腻、健胃爽口之特点,已为越来越多的消费者所接受和喜欢。其中,以江苏、宁夏、辽宁、广东、上海等地的香酥鸡更具代表性,它们的生产工艺几乎相同,只有调料上的细微差异。

## (一) 配方

1. 腌制液　50 千克净膛鸡需 40 千克冷开水,10 千克精盐,125 克味精,500 克黄酒,100 克磷酸盐。

2. 浆液　植物油 30 克,面粉 63 克,鸡蛋 65 克,糖 15 克,水 40 克。

## (二) 工艺流程

鸡的选择→宰杀、煺毛→割外五件→腌制→蒸煮→上浆→炸制→冷却、包装

### (三) 工艺操作要点

1. 鸡的选择　选用当年养的重约 1.5 千克的健康无病鸡。

2. 宰杀、煺毛　左手握住活鸡双翅，用小拇指勾住鸡右腿，使鸡无法踢蹬；右手持刀，在鸡的咽喉部位割断血管、食道、气管，使鸡身前倾，以利控净血液。将放尽血的鸡放入 60℃ 热水中浸泡数分钟，用木棍不停翻动，使鸡全身受热均匀，约烫半分钟捞出，投入凉水中，趁温迅速拔毛。

3. 割外五件　将净光鸡放在案板上，用刀在鸡右翅的前端侧颈割开一小口，取出嗉囊，再在鸡腹部挨近肛门处割 7～8 厘米长小口，切掉肛门，伸进两指，轻轻掏出内脏，不要撕破鸡肝（因肝破碎容易引起胆囊破裂），并将眼睛挖出（以防在油炸时，眼珠爆炸烫人）。洗净后，用刀背把翅膀和大腿骨砸断（要骨断肉连），并用手错开腿骨的断缝，顺大腿骨向里推，使腿部缩短。再用剪刀从开膛的地方插入鸡胸骨的两侧，把胸骨拧断，使胸骨凸起部朝下（因鸡胸凸起部分肉薄，遇到高温油皮易裂开），并用力将胸部压扁。再将鸡身侧放，用力压一下，使肉离骨，腌时才能入味。

4. 腌制　先将鸡放在清水中冲洗干净，然后将鸡的里外用盐搓匀，重点抹腹腔、胸腔、口腔等处，再将五香粉均匀撒在鸡腹中，放在高 19 厘米、直径 25 厘米的瓷盆内，倒入腌制料。腌制时，要翻转 1～2 次，然后取一张白纸用水浸湿，盖在瓷盆上面，把口封严，使香味不致外溢。

5. 蒸煮　将腌好的鸡摆在容器里，鸡背朝上，腹腔内加大葱、鲜姜、桂皮、黄酒等作料。放在锅里蒸三四个小时，取出鸡，汤不要。沥净膛内水分，除去鸡身上的葱、姜和香料。

6. 上浆　按浆液中各组分的比例将其混合搅匀，在熟鸡表面均匀上浆，并撒上一层面包屑或馒头渣（须经烘干，碾成粉）。

7. 炸制　把植物油放入油炸锅中，升温至 160～170℃，放入上好浆的鸡，来回翻转着油炸至皮色发黄、面焦脆为止，捞出、沥干即为成品。

8. 冷却、包装　现炸现吃为好，亦可用消毒过的塑料袋真空包装。出品率为 68%，储存时间为 2 天。

9. 成品特点　整体鸡，色黄有光泽、皮脆、肉香。

## 五、纸 包 鸡

具有京苏风味的纸包鸡，是用纸包炸制成的。其特点是色泽金黄，保持原汁，鸡肉油润，口感鲜嫩味美。纸包鸡是将无骨的原料，加工成条片，经调味后，用玻璃纸包起来，放在油锅中，以旺火温油炸制。待油温至沸，纸包浮至油面，呈金黄色时即成。

### （一）工艺流程

鸡的选择→宰杀、切肉→肉的处理→腌肉→纸的处理→油炸、包裹

### （二）配方

腌制料：300 克鲜仔鸡肉需葱白一段、生姜一片、酱油 50 克、绵白糖 10克、味精 1 克、绍酒 10 克、番茄酱 15 克、熟猪油 500 克、辣酱油 15 克、花椒盐 0.5 克。

### （三）操作要点

1. 鸡的选择　要选用广西当地良种三黄鸡或霞烟鸡。一般制作时选 500克重的肥嫩母鸡。

2. 宰杀、切肉　若选活鸡则先将小母鸡（即未生过蛋的，当地称项鸡）宰杀后，拔净毛，并去头、去脚、去翅膀，破膛取出内脏，冲洗洁净，控干，切下鸡脯肉以备待用。

3. 肉的处理　将鸡肉洗净沥干，放在砧板上，将鸡脯肉在翼关节上部用刀剁断（留上节和鸡脯肉连着），剔净翼骨上节的腱肉，再取下鸡脯肉、抽去筋。然后用刀片去鸡脯外层的硬皮，再将鸡脯肉片开，用肉拍子拍平，补上鸡脯肉，用刀背颠砸使肉质松匀，收拢边缘整理成厚约 6 毫米的树叶形。用刀斩成大小相等的长方形 12 块。

4. 腌肉　将酱油、糖、白酒及适量姜汁、味精、胡椒粉、五香粉放在一起搅匀成酱料。然后将鸡块放入酱料内腌制 10 多分钟取出，然后油煎，鸡块炸至浮上油面，而不发焦，原汁不流出时即可。

5. 纸的处理　将玉扣纸（产于两广，纸质柔软，耐油浸，入油炸不易脆断）裁成 25 厘米左右见方的 20 张纸块，放入 150℃的生油锅内略炸，捞出备用。把煎好的鸡脯肉放在中央，上面放上煎好的火腿，交叉码放加热的龙须菜和小朵菜花。

6. 油炸、包裹　用黄油炒之，放入煮胡萝卜条、熟鸡冠片、鲜豌豆，炒透后加红酒沙司，适量鸡清汤和番茄沙司、辣酱油（浓度要适当，不能过稀），沸后加盐调味，然后浇在鸡肉上。然后在油纸边缘抹上鸡蛋糊压实，立即把纸边缘折起，折起时要一折一压地折之，直至折到尾部，再在尾部折成 1 个约 2

厘米的纸把。然后在炒锅中放入熟猪油 500 克，烧至七成熟，将纸包鸡生坯放入油锅中炸制。用筷子不断翻动纸包鸡，待炸至鸡肉要从纸中透出金黄色时，用漏勺捞出，包口朝上，整齐排列在盘中。上桌时拆去纸。

7. 成品特点　原汁原味，肉嫩骨脆，香气四溢，鲜美适口。

## 六、酥炸油鸡

酥炸是将原料先煮熟蒸烂，然后挂糊，入油锅炸制，至外表呈金黄色时为止。酥炸油鸡是用酥炸的烹饪方法制成的。它是南京传统菜，20 世纪 30 年代风行于南京京苏帮餐馆中，几乎家家皆挂牌供应。油鸡味透肌里，酥脆鲜香，堪为一绝。

### (一) 工艺流程

鸡的选择→头刀工艺→煮鸡→二次煮制→二刀工艺→制坯→油炸→造型

### (二) 配方

1. 煮制料　适量葱结、姜块、黄酒、盐、水。

2. 其他调味料　1 只 1 千克左右的油鸡需鲜鸡蛋 3 只、面粉 150 克、熟猪油 750 克、味精 1 克、麻油 15 克、番茄酱 25 克、辣酱油 50 克。

### (三) 操作要点

1. 鸡的选择　选用饲养到 10 个月左右 2～2.5 千克的当年肥壮嫩鸡 1 只。

2. 头刀工艺　将鸡杀好，洗净，然后把鸡脚骨反拗脱白，用剪刀剪下，再把鸡腿握住向上掰直，将腿腋中骨头拗脱，使腿烧后变直。

3. 煮鸡　将水锅置旺火烧滚，放入鸡，弃去浮沫，煮至四五成熟时捞出，然后用冷水浸，使鸡白净。

4. 二次煮制　把鸡放入冷水锅中（水淹没鸡），置旺火上烧滚，移至微火上（锅如果不能移动，可用湿煤屑压小炉火），加盖，鸡至翅膀尖骨能拗断、脊皮被拉动时捞出。烧时如火过旺，水沸滚过剧，鸡皮易破裂。

5. 再次煮制　锅中放入大量质量较好的白汤，如加入葱结、姜块、黄酒烧滚，捞出葱结、姜块，加入适量盐（试味时比一般咸二三成，因它不能被鸡全部吸收），端离炉火，放入鸡浸 2～3 小时，使鸡肉吸收咸味，捞出。

6. 二刀工艺　斩下鸡头、翅膀、鸡腿，然后把鸡一剖两半。选鸡脯肉或腿肉，用手撕成条状，放入碗内。

7. 制坯　将碗内黄酒、精盐、味精拌匀。接着取鸡蛋清 3 个（将鸡蛋从中间磕开，两手拿住 2 只蛋壳，颠倒几下，倒下蛋清）放入盘内，用一双筷子用力抽打至起泡，以用筷子插在泡上能立住不倒为度，放入干淀粉搅匀成蛋泡糊。用一平盘，倒入少许麻油（防止蛋糊粘底），将一半蛋泡糊倒入拉平，再将拌好的鸡肉轻轻放上摊平，最后将余下的蛋泡糊倒上抹平，并将鸡肉盖严，即成酥炸鸡生坯。

8. 油炸　接着将炒锅上火，放入清猪油 750 克，烧到六成热时，将鸡头、鸡翅及鸡骨架放入油锅略炸捞出。待油温升高至七成热时，将鸡肉放入油锅炸至呈金黄色时，用漏勺捞入盘中。要注意的是在炸制时，要将生坯轻轻摊入，边炸边用手勺浇油在生坯的上面。待生坯底部炸至凝固时，用 1 只漏勺托住底部翻一个身，再炸至凝固时，用漏勺捞起。

9. 造型　将鸡肉放在砧板上，切成一字条，装在盘中，鸡头一劈两开，与鸡翅、鸡腿一起，摆放成整只鸡状。盘边放上番茄酱，将辣酱倒入碟中，随同酥炸油鸡肉蘸食。

10. 成品特点　外酥香，里软嫩，香气浓郁。

# 七、美味鸡片酥

分割肉鸡的工业化生产，为消费者提供了诸多方便，特别是鸡翅、鸡爪、鸡脖等产品深受消费者欢迎，这进一步刺激了分割肉鸡生产的发展。同时，大量的鸡胸肉也越来越多地被加工，鸡片酥就是其中兼香、脆、嫩于一体，比较美味的制品之一。

## （一）工艺流程

鸡肉切片、绞碎→加辅料搅拌→成型、切片→二次煮制→炸制→脱油、包装

## （二）配方

淀粉添加量为肉泥重量的 5%～10%，碳酸氢钠添加量通常为 0.5%～1%。其他调味辅料为食盐 1%～2%、混合香辛料 1% 等。

## （三）工艺操作要点

1. 鸡肉切片、绞碎　将鸡胸肉用切片机切成 1～3 毫米薄片后，再用绞肉

机绞成肉泥状。要求肉泥中无明显肉粒存在，尽量绞细，可使肌纤维蛋白充分延展，有利于蛋白质高黏性网架结构的形成，以便于成型工艺。

2. 加辅料搅拌　将肉泥与各种辅料按比例加入和面机中，搅拌均匀。其中淀粉添加量以肉泥重量的 5%～10% 为宜。由于淀粉充添入肌纤维蛋白网状结构中，经油炸后，使肉片脆性增加。添加淀粉不仅可以改善产品的口感，而且可以提高收得率。添加碳酸氢钠可使产品外观呈膨松状，但量不能太多，否则使产品口感苦涩，碳酸氢钠添加量通常为 0.5%～1%。其他调味辅料为食盐 1%～2%、混合香辛料 1% 等。将它们用少许水溶解后，一并混入肉泥中，搅拌均匀。

3. 成型、切片　将调味肉泥放入模具中，挤压严密，使肉泥中间无空隙，然后用塑料纸将肉泥卷成直径为 5～10 厘米、高 30 厘米的圆柱形，入冷库，在 -18℃ 以下经一昼夜冷冻成型后，取出。用切片机将肉卷切成 1.5 毫米左右的薄片。采用冷冻成型切片的工艺有效地解决了肉泥抹片成型困难问题，不仅提高了生产效率，而且原料损耗大大降低。

4. 炸制　油炸使产品口感酥脆并能增香。一般采用两阶段炸制的工艺能获得满意效果。第一阶段，在切片后立即进行，即将肉片投入置于油炸锅中的金属筐中，130℃，1～2 分钟后，将筐提出，再行第二次复炸，条件是 150℃、1～2 分钟。

5. 脱油、包装　用脱油机对鸡片进行脱油，易成碎片，可以改用化学脱油法，该法利用油脂工业中允许使用的添加剂（提取剂），如己烷或正己烷，在室温条件下（20℃）将鸡片按 1∶3～5 的比例，投入提取剂中，时间控制在 3～5 分钟内，即可取出。通过测定鸡片处理前后的含脂率，发现该法的脱油效果在 70% 左右。然后将上述鸡片置于 70℃ 恒温干燥箱中干燥，使其表面残余的有机溶剂挥发，即成。

6. 产品特点　呈浅黄色、口感酥脆、有鸡味特色，且蛋白质含量高达 63%，脂肪含量在 3%～7%，即开即食，集营养性与方便性于一身。

## 第五节　其他制品加工

### 一、鸡肉脯

胸脯肉大部分为白肌，风味不足，直接食用，不是很受欢迎，需要加工改善其风味。美味的鸡肉脯就是采用新鲜的原料鸡胸肉为原料，以白砂糖、鲜鸡蛋、优质淀粉等为辅料，经过精细加工制成的方便干肉制品。其成品滋味鲜甜、松软适口、含水率低、便于携带和保存，是高蛋白、低脂肪的营养食品，深受消费者欢迎。目前，肉脯生产工艺有两种：①传统工艺，即以禽大块瘦肉为原料，经装模、冷冻、切片、摊筛后烘烤而成。缺点在于切片不均、摊筛困难，成品计量不准。②改进后的工艺，即以禽瘦肉为原料，经斩拌、抹筛、烘烤而制成。基本上克服了传统工艺的缺陷。

### (一) 工艺流程

**1. 传统的工艺流程**

选料→冷冻、切片→腌制→烘干→烘烤→包装→检验

**2. 改进后的工艺流程**

原料的选择→解冻、修整→斩拌→摊筛及脱水→烤熟及检品→冷却和包装→检验→质量及检验

### (二) 配方

**1. 传统工艺的腌制料** 适量的食盐、酱油、白糖、葡萄酒、蛋清、己二烯酸钾、姜粉、白胡椒。

**2. 改进后工艺的腌制料** 50 千克原料鸡胸肉需 5.25 千克鱼肉、15 千克白砂糖、2 千克淀粉、1.5 千克鸡蛋、0.25 千克味精、0.12 千克硝水（1：60，其中硝酸钠：亚硝酸钠＝1：1）、白大川 0.05 千克、柠檬黄 0.01 千克及适量的水。

### (三) 操作要点

**1. 传统工艺操作要点**

(1) 选料　选择新鸡胸肉，原料肉的各项卫生指标符合国标中一级肉的鲜度标准。按工艺要求叠放整齐，以利于顺肉纹理切片。

(2) 冷冻、切片　原料肉经拆骨后，除去皮和皮下脂肪、筋膜等，洗去油污，切成小块状。然后将处理后的原料放入冰箱中，快速冻至中心温度达到−2℃，顺肉纹理切成厚 3～4 毫米的薄片。

(3) 腌制　在 2～4℃条件下，将肉片放在以上配方的腌制料中腌制 1～2 天。

(4) 烘干　将腌好的肉片摆放在网筛上，放入烤箱中，在 55～60℃下烘干至手感发硬为止。

（5）烘烤 将烘干的肉片，放入170～300℃远红外高温烘烤炉中烘烤成熟，在160℃下烤制5分钟，使之前的半成品收缩出油，肉片的颜色呈棕黄色或棕红色，然后用压平机压平，按8厘米×12厘米的规格切片，每千克切56～60片。

（6）包装 将切好的肉脯在无菌室内冷却，装入塑料包装袋内，真空封口，再按要求进行大包装。

（7）检验 每批成品在出厂前都必须进行抽样检验，方可出厂。

（8）成品特点 产品呈棕红色，片状方形，风味浓郁，口感良好。室温下保存4个月，其风味、色泽、口感基本不变。

2. 改进后的工艺操作要点

（1）原料的选择 加工原料鸡肉必须是来自安全非疫区的，宰前、宰后经兽医卫生检验证明健康无病的鸡只，选用达到国家一级鲜度的去骨鸡胸肉。

（2）解冻、修整 夏季解冻宜用间隙喷淋冷水的方法，解冻室温度以20℃左右为宜，时间约10小时，冬天则可采用自然解冻。解冻后的鸡胸需进一步修净鸡皮，去净碎骨。

（3）斩拌 投50千克原料鸡胸肉在斩拌机中斩拌成肉泥，往其中加以上配料并搅拌，使均匀、细腻，然后静置30分钟，使辅料被充分吸收。

（4）摊筛及脱水 把肉泥在竹筛上摊成薄片，然后把竹筛架在筛架上，推进约70℃的烘房中脱水烘干、成形，约经4～6小时成为半成品。推筛厚度要求为0.15厘米，厚薄要均匀一致，半成品的水分含量一般控制在16%～20%。

（5）烤熟及检品 将半成品放进远红外烘烤炉的传动铁丝网上，在200～350℃的温度下烘烤1分钟左右，使经过预热、收缩、出油三个阶段后成熟，随即用压平机压平，再按规格用切纸机切成12厘米×8厘米的长方形成品（也可切成其他规格）。然后进行检品，修剪掉成品上的焦斑，检出竹篾等杂质。

（6）冷却和包装 成品在冷却间摊放冷却，冷却间的空气要清洁，要经消毒杀菌、净化处理，以防成品受污染。当成品温度降至常温后，及时包装。按规格用聚乙烯塑料袋包装后外加硬纸盒并用玻璃纸密封，纸盒上印有商标、保存期、配料、净含量及生产日期等。

（7）质量及检验 按规定批次对产品进行抽样检验。

①感观指标 呈均匀的金黄色，有光泽，无焦斑痕迹；呈有规则的片形，厚薄均匀，表面平整，干湿度一致；无异味，无杂质，香味浓郁，味道纯正。

②理化指标 水分≤14％，蛋白质≥40％，脂肪≤5％，亚硝酸盐残留量≤30毫克/千克。

③卫生指标 细菌总数≤10 000个/克，大肠菌群阴性，无致病菌。

（8）成品特点

①色泽 呈棕红色或深棕色，允许有少部分颜色浅或深些，但不得有焦煳色片存在。

②组织形态 表面平整、光滑，组织细腻，允许有小于1/2的片存在，但总数不得超过1/5，不允许有碎屑、杂质存在。

③滋味及气味 既有鸡坯肉、鸡肉经调味、烘烤后应有的滋味及气味，质嫩味香，甜中带咸，以甜为主，口味纯正，又无霉味、酸败味、焦煳味及其他异味。

## 二、火鸡肉松

鸡肉松作为禽肉制品具有高蛋白、低脂肪、低胆固醇、低热量等特点，日益受到消费者的青睐。另外，鸡肉松作为一种具有悠久历史的中华传统美食，因其形态美观、滋味鲜美、营养丰富、携带和食用方便等特点，已经发展成为风靡全国的美食。而火鸡，又名七面鸟或吐绶鸡，是一种原产于北美洲的家禽。火鸡体形比一般鸡大，可达10千克以上。因其肌肉蛋白质含量高，脂肪含量低，成为制作肉松的优良原料。

### （一）工艺流程

选料→屠宰、修整→初煮和剔骨→复煮→干制、搓松→成品整理、包装

### （二）配方

火鸡肉松通常采用以下配方：

（1）瘦肉100千克，酱油12千克，白糖10千克，黄酒4千克（或白酒1千克），大茴香120克，生姜1千克，水适量。

（2）瘦肉50千克，酱油2千克，白糖5千克，大茴香125克，生姜2千克，黄酒2千克，水适量。

### （三）操作要点

1. 选料 宜选体形较大、肌肉丰满的老龄火鸡为原料。这种鸡肉肌纤维

粗老坚韧，制得产品形态美观，风味浓厚，成品率高。原料鸡要经卫生检验，确认健康无病方可使用。

2. **屠宰、修整**　待宰活鸡应喂水停食 16～24 小时。采用颈部宰杀法，放血后投入 65～68℃的热水中浸烫 1 分钟左右，煺净鸡毛。然后腹下开膛，取出全部内脏和板油，斩除头颈、翅膀和脚爪，剥净鸡皮，再用清水冲洗，并流水浸泡 30～40 分钟，漂去血污，至鸡身干净洁白后取出，沥干水分待用。

3. **初煮和剔骨**　将光鸡放入煮锅，加清水浸没，按配方用量称取生姜切片和大茴香后，用纱布包裹投入锅中，用旺火煮沸 30 分钟，再改用文火焖煮 2 小时左右，根据鸡只老嫩煮至骨肉易于分离。然后捞出，趁热剔净骨头，去除肌腱、筋膜、粗血管等结缔组织。在烧煮过程中，若汤汁不足要及时添加清水，以防烧焦肉块。

4. **复煮**　初煮的原汤过滤除去沉渣和杂质后放回原锅。用旺火烧开，按配方用量加入食盐，再把经剔骨的纯鸡肉放入其中继续煮制。当煮至用筷子夹肉块稍用力肌肉纤维即自行松散时，加入白砂糖和黄酒，再改用文火煮制 30 分钟左右，把汤汁烧干。然后出锅将肉块挤开、压散成粗丝状，自然冷却 12 小时后即成肉松坯。

5. **干制、搓松**　主要有 3 种方法。

（1）**手工炒制法**　将肉松坯直接放入锅中焙炒。焙炒时火力要适当，前期用文火，后期用微火，且应不断翻炒。翻炒到一定程度时，需出锅在木质搓板上用手工反复搓揉，然后再入锅焙炒。这样重复几次，直至肌肉纤维呈蓬松的絮状，并达到成品要求的干度。搓松时用力要均匀、适当，切忌过轻过重，以保证成品质量。

（2）**机械炒松法**　原理与手工炒制法相同，只是用机械代替手工。机器经检查清洗后将肉松坯倒入炒松机内，温度控制在 250～300℃，经 40～50 分钟烘炒后，趁热送入擦松机擦松。根据肉质情况，擦松 1～2 遍，使肌肉纤维呈绒丝松软状即可。

（3）**烤箱烘焙法**　是一改进的方法，采用电热远红外线烤箱进行烘焙干制。此法工艺条件易控制，产品质量稳定可靠，利于机械化生产。具体操作过程为：将肉松坯摊放在烘盘内，送入温度保持在 70～80℃的烤箱中，烘焙 60～90 分钟，待脱水率达到 50%左右时，取出搓松后再炒制 3～5 分钟即为成品。

6. **成品整理、包装**　将肉松置于竹匾内，用手翻动，撕散个别较粗的肌束，拣去尚存的骨屑、杂质及成粒的头子，若有焦屑则应筛除。鸡肉松的吸湿性很强，容易受潮发霉，成品摊凉后应按不同规格要求，用无毒塑料薄膜袋或透明塑料盒密封包装。规格有 50～250 克不等。

7. 成品特点　成品应色泽洁白、微黄，纤维疏松呈绒丝状，松软而富有弹性，鲜香可口，咸甜适中，回味绵长，无焦斑，无异味，无碎骨和其他杂质。保质期 180 天。

# 三、涪陵鸡松

鸡松是肉类干制品之一。以鸡肉为原料，经加工而成。是一种方便和营养丰富的佐餐佳品，色白，丝长，蓬松，清香。以四川涪陵、江苏太仓的鸡松为名品。尤其涪陵鸡肉松为四川有名的禽肉制品。

## （一）工艺流程

鸡的选择→宰杀煺毛→取内脏→整理→初煮→复煮→炒松、搓松→整理

## （二）配方

煮制料：鸡肉 10 千克需精盐 200 克、白砂糖 800 克、黄酒 150 克、大茴香（八角）10 克，生姜切片，水适量。

## （三）操作要点

1. 鸡的选择　选体形较大、健康无病的老龄鸡。

2. 宰杀煺毛　停食喂水 16～24 小时后，把活鸡按常法宰杀放血，放进 60℃热水里均匀烫毛。经浸烫半分钟左右，捞出投入凉水中，趁温迅速煺毛，然后冲洗干净。

3. 取内脏　将拔净毛的鸡放在案板上，用酒精喷灯烧掉鸡身上的绒毛。用刀先在鸡右翅根处的颈侧割一小口，取出嗉囊，再用刀在腹部靠肛门处横割一小口，除掉肛门，动作要轻，下刀要浅，防止割破肠子流出粪便而污染鸡肉。从刀口处伸进手指，慢慢掏出内脏，不要抠破鸡肝、碰破胆囊。然后将掏完内脏的鸡放进清水里洗刷。

4. 整理　将白条鸡放在案板上，先剁掉鸡头和小腿，然后顺着肌肉纤维（肉丝）方向，割取胸部、腹部和腿部肌肉。

5. 初煮　将以上配料与鸡放入锅内，加清水浸泡。用旺火煮沸并延续

10～20分钟，撇去泡沫，加盖盖严，并用湿布封紧锅口四周，改用文火焖煮2小时。然后将肉捞出，趁热剔净骨头，去除肌腱、筋膜、粗血管等结缔组织。煮制时注意添加清水，以防肉块烧焦。

6. 复煮 初煮的原汤过滤，除去沉渣和杂质，放回锅内用旺火烧开，按前述配方量加入食盐，接着放入剔骨的鸡肉继续煮制，即行撇油。煮1小时后，用筷子稍用力夹肉块即自动松散时，添加白砂糖和黄酒，改用文火煮30分钟。在焖煮过程中需要经常拍翻和撇油，务将油质撇尽，否则成品不能久藏。待汤汁烧干后出锅，将肉块挤压成粗丝状的肉松坯。

7. 炒松、搓松 首先刷净大锅，待肉松坯第二次出锅间隔12小时后，可进行焙炒。前期用文火，后期用微火精心焙炒1.5小时。炒到肉料干燥和松散时出锅。将干净的木搓板放在簸箕中用手揉搓肉料。然后再入锅焙炒。如此反复几次，直到鸡肉呈蓬松的絮状。该步骤是决定鸡肉质量的关键，应注意掌握好焙炒的温度、时间及搓松用力程度。待搓成丝绒即为成品。

8. 整理 将肉松置于竹筐上，边翻动、边撕散个别较粗的肌肉，拣去骨屑、焦屑及杂质等。摊凉后按50克、100克、250克等不同规格，取食品薄膜袋或透明塑料盒密封包装即可。

9. 产品特点 颜色浅黄、微白，纤维细长松软，有弹性，无碎骨，甜咸适度，油质净、清香浓郁，营养丰富。

## 四、杭州糟鸡

糟鸡使用的原料越鸡，即浙江萧山大种鸡。相传2000多年前原养在越王宫内，专供帝王后妃观赏玩乐用，后传入民间饲养，故又称越鸡。越鸡生长快，体重大，成年阉鸡可重达4～5千克，肉质含脂率低，是优良肉用品种。用此鸡糟制，肉质鲜嫩，糟香扑鼻，别具风味，是冬令佳品。

### (一) 工艺流程

鸡的选择→宰杀煺毛→取内脏→制糟卤→炖煮→精制

### (二) 配方

腌制料比例：酒糟（自制糯米酒糟为佳）1.2千克，黄酒250克，60度白酒200克，红枣1个，食盐、味精、水适量。

### (三)操作要点

1. **鸡的选择**　选用当年新阉肥嫩雄鸡，重约1.5～2千克。

2. **宰杀、煺毛、取内脏**　将活鸡宰杀放尽血，鸡身用冷水冲湿，取一热水瓶开水倒入盆中，将鸡浸入开水里（全部浸透），擦去鸡脚皮、鸡嘴壳，趁热煺去全部羽毛，用冷水冲洗干净。在背颈处开刀，拉出并切断气管、食管，从肛门处开膛（刀口要小），用右手中指、食指伸至腹内掏出内脏，冲洗净血水，斩下鸡爪，清洗内脏。

3. **制糟卤**　把鲜汤和葱、姜下锅煮沸，冷却后缓慢加入以上配料中，将糟捏成酱汁放入布袋，悬空吊起，下置一缸，使汁液缓缓入缸内，然后加酒、味精调和后即成糟卤。

4. **炖煮**　取鸡放入锅内，加水浸没鸡为度，待水沸后文火炖半小时（老鸡可延长半小时），直至把鸡煮成七成熟。随后移锅离火，自行冷却后取出沥干。

5. **精制**　将熟鸡剔除头、颈及脊椎骨，把鸡身分成2大片，再斩下两腿，然后将其斩成4块，置于瓷盆中，加酒50克、精盐50克和味精5克混合，涂擦鸡肉即行糟制。糟制时用清洁干燥的平底缸一只，把拌好的配料取50%放入坛底作垫料，垫料上放一块干净的纱布。此后把鸡块放入坛内，依次铺放。再将余下的50%配料装入纱布袋内，覆盖在坛内的鸡块上，用瓷盘压住，盖上纱罩，密封坛口，存放7天后即成糟鸡成品。一般存放4个月不变质。

6. **产品特点**　鲜美、味香甜、肥而不腻，糟香浓，是夏令佐餐佳品。

## 五、鸡　　精

鸡精富含氨基酸和钙、磷矿物质。随着人民生活水平的不断提高，人们对食品风味上的要求越来越高，烹饪上已不局限于盐、糖、酱、醋、姜、葱、蒜等传统调味原料。与此同时，人们保健意识也增强，更加追求食品的天然性、营养性。家庭使用既要味好，又要方便，各种复合型调味料如雨后春笋般涌现，其中又以鸡精、鸡精粉尤为突出，生产厂家相对集中于华南和华东地区。鸡精是由鸡骨架或全鸡及多种调味料复合而成的天然调味品，是味精的换代产品，被称为第三代调味品，该产品一上市就被广大消费者认可。

### (一)工艺流程

原料的选择及处理→宰杀、整理→煮熟、分离、酶解、加热→和料、搅

拌→成型、装盘→干燥→冷却、包装

## （二）配方

配料为鲜鸡肉（以干重计）10%，味精（纯度99%）59.5%，蛋黄粉2%，食盐8%，白砂糖5%，可溶性糊精5%，呈味核苷酸0.5%，可溶性淀粉5%，鸡油5%。另外，每千克鸡肉需核黄素5毫克、抗氧化剂10毫克。

## （三）操作要点

1. **原料的选择及处理** 鲜鸡选用健康、体重一致、年龄3～4个月的肉鸡（若采用冷冻分割鸡，须自然解冻后方可使用），其他原料辅料必须确认其经质检部门检验合格。食盐、白砂糖须粉碎，过100目细筛。

2. **宰杀、整理** 将鸡宰杀，烫漂煺毛，开膛去内脏，清洗干净，切成小块备用。

3. **煮熟、分离、酶解、加热** 将鸡肉块与水加入夹层锅，肉块与水的比例为1:2～2.5，同时加入适量香辛料，通入蒸汽。煮沸后保持微沸1小时，取出鸡肉，人工剔骨，将鸡肉与汤汁用胶体磨磨为肉浆，将肉浆转移至冷热缸加热至微沸，再冷却至37℃，调节pH至7.0～7.5，加入鸡肉重量0.5%的蛋白酶，搅拌均匀后密闭冷热缸，静置保温35～37℃。酶解24小时后，再加热至85℃钝化酶活性。

4. **和料、搅拌** 在肉浆中加入鸡油和核黄素，溶化后用干净无毒塑料桶盛装。将粉料物放入和粉机内充分搅拌，再逐渐加入鸡肉浆，充分拌匀，用手捏料能成团即可。

5. **成型、装盘** 预先将造粒机清洗干净，揩干。将少量已和好的散料加入料斗，开动机器后观察造粒效果，要求颗粒均匀一致，不粘连，符合要求后连续投料。在料盘底铺垫单层洁净白布，以承接成型的粒料，摆动料盘使料粒均匀铺开，粒料厚度不超过1厘米，料盘铺满后送入烘房。

6. **干燥** 烘房采用顺流干燥方式，没有蒸汽作热源的地方采用中型或大型电热鼓风干烘箱。半成品进入烘房后，关闭烘房门，开启排湿装置和加热器、风机，将烘房温度在30分钟内升至70℃，并稳定在70～75℃，连续烘烤50～60分钟至产品水分在8%以下为干燥结束。

7. **冷却、包装** 将干燥好的半成品从烘房取出，冷却至室温，转入洁净干燥的包装间，根据不同规格定量封口、包装即为成品。

8. 产品规格

（1）形态　直径1～3毫米，固体松散颗粒状，有少量粉状。

（2）色泽　乳黄色或淡黄色。

（3）香气　有浓郁的炖鸡香味。

（4）滋味　有极鲜的鸡汤味。

# 六、鸡 骨 泥

近年来随着肉鸡业兴起，鸡肉在人们的膳食结构中占了很重要的地位。针对肉鸡个体大、肌肉丰满、肉质细嫩的特点，传统的卤、熏、扒鸡的加工制品已不再能满足消费者的需求，于是一些新型的、分割小包装产品占据了鸡肉制品的主导市场。鸡胸肉、鸡腿肉、鸡翅、鸡爪子等产品销售与日俱增。随之而来的鸡腔骨的利用便成为肉鸡加工厂家的主要问题。从营养学的角度看，骨中的蛋白质、脂肪较肉低，而骨骼却是动物肌体内钙、磷等矿物质的最大贮存场所。鸡骨泥就是利用鸡腔骨加工而制成的，可作为人体补钙、磷的较好食源。鸡骨肉泥营养丰富，富含有钙、磷以及多种微量元素，以一定比例添加到肉制品中，并不影响口感，而且能增加产品的营养成分，生产富钙食品，改进风味。

## （一）工艺流程

鸡腔骨选择、处理→粗碎与辊碎→粗磨和细磨

## （二）操作要点

1. 鸡腔骨选择、处理　鸡腔骨必须选用经兽医卫生检疫、健康无病的新鲜产品。剔除筋腱、血管、尾脂腺以及未除净的内脏，清洗后于冷库中（－15℃以下）贮存。

2. 粗碎与辊碎　利用粗碎机和辊碎机进行。开机前应将接触食品部位进行彻底清洗，然后将冷冻的鸡腔骨均匀投入，经粗碎机切成10～30毫米的碎块，其温度应控制在－8～－5℃。经粗碎的骨物再投入到辊碎机中切成1～5毫米的小块，其温度应控制在－5℃左右。如果温度过高，既影响产品质量，又使下道工序操作困难。在操作中要防止骨架堆积而阻塞机器。

3. 粗磨和细磨　首先利用粗磨机粗磨，粗磨时要适当加入冰水或冰屑，原料温度应控制在6～8℃，然后进入细磨机细磨，原料温度可保持在8～

12℃。经粗磨和细磨后，骨肉泥的细度达 100 目以下。

4. 成品贮存　成品包装后，及时进入冷库－15℃以下保存。

5. 产品特点

（1）色泽　淡粉红色。

（2）滋味及气味　具有鲜骨泥应有的滋味和气味，无异味。

（3）细度　小于 100 目。

（4）杂质　无任何其他杂质。

# 第五章

# 鸭肉制品加工 >>>>>

## 第一节　腌腊制品加工

### 一、南京板鸭

南京板鸭可分为腊板鸭和春板鸭两种。腊板鸭是指从大雪到冬至这段时间腌制的板鸭，品质最好。根据南京的传统习惯及气候条件，这段时间是腌制板鸭最理想的时间，所以大量腌制，这一期间腌制的板鸭成品可以保存到第 2 年不变质。春板鸭则是指由立春到清明，从农历正月初到 2 月底腌制的板鸭，这种板鸭加工制作方法虽与腊板鸭完全相同，但这个期间生产的板鸭保存时间较短，经 3～4 个月就要滴油变味。

#### （一）工艺流程

原料鸭的选择、催肥→宰杀→煺毛→去内脏、整理→腌制→出缸、叠坯→排坯→晾挂→贮存、保管及包装

#### （二）操作要点

1. 原料鸭的选择、催肥　腌制南京板鸭，要选用体长、身宽、胸腿肉发达、两腋有核桃肉，未生蛋、换羽的，体重 1.75 千克以上的健康活鸭。活鸭在宰前要用稻谷饲养催肥，使膘肥肉嫩、皮肤洁白。

2. 宰杀

（1）宰前准备　用于制作板鸭的鸭子应施行短期催肥。南方板鸭中最优良的一种叫白油板鸭，即收购活鸭后，以稻谷饲养数周，使膘肥肉嫩，再宰杀腌制。在宰杀的前一天应停食，不断给水，禁食时间一般为 12～24 小时。鸭子从饲养间赶往宰杀间时，不可过分惊动，每批不超过 100 只，捉鸭子时不使其受惊吓和互相践踏挤压。

（2）宰杀　有颈部宰杀和口腔宰杀两种。颈部宰杀是在鸭子的枕骨与第一颈椎连接处下刀割断鸭子的气管、血管、食管，放干净血即可。口腔

宰杀是将鸭头部向下固定后，用刀伸入口腔，刀尖达第二颈椎处，割断颈静脉和桥状静脉的联合处，然后将刀尖稍稍抽出，在上颌裂缝的中央，眼的内侧，斜刺延脑，以破坏神经中枢，使羽毛易于脱落，且可以促其早死，减少挣扎。

3. 煺毛　鸭子宰杀后，在 5 分钟内烫毛，便于煺毛，如时间过长毛孔收缩，尸体发硬，难以烫毛和煺毛。烫毛要掌握适宜的水温和浸烫的时间，烫毛不透或过度都不利于煺毛。烫毛水温一般为 70~85℃，时间为 1~5 分钟，以较宜煺去双翅大毛为好。浸烫后的鸭子应迅速煺毛，煺毛时先拔双翅大毛，随即去掉脚上黄皮及嘴上薄皮，再拔背部、翅上短毛及尾部羽毛，然后拔胸部、腹部及两腿上毛。大毛拔去后再拔颈部头部小的羽毛。煺去大毛后，将鸭浮于水面，用钳子逆毛倒钳去掉残留的绒毛。

4. 去内脏、整理　鸭毛煺光后立即去翅、去脚、去内脏。

（1）取内脏　在右翅下开一口（与鸭身平行），长约 5 厘米，因鸭的食道偏在右面，易于拉出食道。然后用右手食指和中指伸入体内，拿出心脏，取出食道，再取出鸭肫、鸭肝和肠。

（2）整理　冷水浸泡，洗净残血，时间约为 4~5 分钟，再沥水，把浸泡的鸭子挂起，滴干水分，等水滴中不带红色时即可。经 1~2 小时压扁鸭身，把鸭子放在案桌上，背向下，腹朝上，头向里，尾朝外，用右掌与左掌放在胸骨部，用力向下压，压扁三叉骨，鸭身呈长方体。这样从前面和后面看，鸭体方正、肥大、外形好看，在腌制和入缸贮存时，也可节省地方。

5. 腌制

（1）擦盐　一般 2 千克重的鸭子用炒盐 125 克，先用 95 克放入右翅下开口内，把鸭子放在案板上，左右转动，使腹腔内布满盐。再把余下的 30 克盐，在鸭双腿下部用力向上抹一抹，使肌肉因受抹的压力，离腿骨向上收缩，这时取盐在腿上再抹两下，盐从骨与肉分离处入内，使大腿肌肉能充分腌制。在颈部刀口外，也应撒盐，最后把剩余的盐轻轻搓揉在胸部两侧肌肉上。腌鸭用的盐一般用炒干的细盐，每 100 千克食盐加入八角 1.25 千克。

（2）抠卤　擦盐后的鸭子，逐只叠入缸中，经过一夜或 12 小时后，肌肉中的一部分水分、血液被盐渗出存在腹腔内。为使这些卤水迅速流出，用右手提起鸭的一右翅，再把左手的食指和中指插入肛门，即可放出盐卤。由于盐腌后肛门收缩，盐卤不易流出，用手指导出卤水，这一过程叫抠卤。第一次抠卤后，将鸭子再叠入缸中，8 小时再进行第二次抠卤，目的是使鸭子腌透，拔出肌肉中剩余血水，使肌肉美观。

（3）复卤　抠卤后进行复卤，这一过程特别重要。复卤方法如下：

①卤的制备与存放　卤有新老之分，新卤是用去内脏后泡洗鸭体的血水加盐制成。煮沸后成饱和溶液，撇出表面泡沫，澄清后倒入缸中，冷却后加压扁的鲜姜、完整的八角和整棵的葱。每缸约入盐卤 200 千克，用鲜姜 6.25 克、八角 31 克、葱 100 克，使盐卤产生香味。新卤腌板鸭不如老卤好，卤越老越好。腌鸭后新卤煮沸 2～3 次以上即称老卤。盐卤须保持清洁，但腌一次后，一部分血液渗入卤内，使盐卤逐渐变为淡红色，所以要澄清盐卤，再腌鸭 5～6 次后，须煮沸一次，盐卤咸度保持在 22～25 波美度为宜。

②操作方法　复卤时，右手抓鸭子右翅膀，左手各指头分别抠鸭子右翅膀下的刀口，放入卤水中，使每只鸭子体腔内灌满盐卤，然后提起使鸭颈部也浸到盐卤中，再把鸭子放进卤缸，由刀口处再灌满盐卤，逐只平放在卤缸内。为防止鸭身上浮，应用竹编盖上，放上木条及石块压紧、压实。每缸盛卤 200 千克，可容复卤鸭子 70 只左右，在卤缸内复卤 24 小时即可全腌透。但也要按鸭体大小、气候条件掌握复卤时间，复卤完的鸭子即可出缸。

6. 出缸、叠坯　复腌达到要求后，即可出缸，抠尽卤汁。将滴尽卤汁的鸭子放在案板上，背向下，头向里，尾向外，用右手掌与左手掌相互叠起，放在鸭的胸部，用力下压，则胸部的人字骨被压下，使鸭呈扁形。然后盘入缸中，头向中心，鸭身沿缸边，把鸭子逐只盘叠好，这个工作叫叠坯。叠在缸中2～4 天，此后就可以出缸排坯。

7. 排坯　把叠在缸中的鸭子取出，用清水把鸭身洗净，排在木档钉上，用手把嗉口（颈部）排开，按平胸部，裆挑起（使两腿间肛门部用手指挑成球形），再用清水冲洗，挂在通风良好处吹干。等鸭体上水滴完，皮吹干后，收回再排一次，加盖印章，转入仓库晾挂保管，这个工序叫排坯，目的在于使鸭形肥大美观，同时也使鸭子内部通气。

8. 晾挂　把排坯盖印后的鸭子悬挂在仓库内，库内必须四周通风，不受日晒雨淋。经 2～3 周即为成品，如遇阴雨天可适当延长时间。

9. 贮存、保管及包装

（1）贮存　分晾挂法和盘叠法两种。晾挂法如前所述。盘叠法是在气候干燥时，把腌制 3 周左右的鸭坯在缸内木板上盘叠堆起。每堆约堆叠 6 层，层间用芦柴隔开，每堆不超过 200 只。如遇天气潮湿，成品回潮，应重新悬挂吹风，等晾干后再堆放。

（2）保管　一般保管原则是合理控制温度和湿度，防止日晒和生水沾染，注意室内清洁和防止虫、鼠害。板鸭保存时间因加工时间而异，好的板鸭可保存到 4 月底，保存条件好时可保存到 6 月底。

（3）包装　为了便于保存、运输及延长保存时间，对加工好的板鸭可用复合铝箔袋进行抽真空包装。

**10. 产品规格标准**　制成的板鸭成品，手拿时腿部肉发硬，竖直时全身干燥、无水分，皮面光滑无皱，肌肉发板（即肉质细嫩紧密），人字骨压扁，胸骨与膛部突起，颈骨外露，眼球落膛，全身呈扁圆形。

# 二、江西南安板鸭

南安板鸭是江西的名特产品，它造型美观，皮肤洁白，肉嫩骨酥，腊味浓香。南安板鸭加工季节是从每年秋分至大寒，其中立冬至大寒是制作板鸭的最好时期。根据加工季节不同可分为早期板鸭（9 月中旬至 10 月下旬）、中期板鸭（11 月上旬至 12 月上旬）、晚期板鸭（12 月中旬至翌年元月中旬），其中以晚期板鸭质量最好，群众习惯将立冬前（11 月中旬）加工的板鸭称为早水鸭，立冬后加工的板鸭称为晚水鸭。

## （一）工艺流程

鸭的选择→宰杀、煺毛→割外五件→开膛→扒内脏→二刀工艺→腌制→洗鸭、造型→穿绳露晒→分级与包装

## （二）操作要点

**1. 原料的选择**　制作南安板鸭选用大粒麻鸭，该品种肉质细嫩、皮薄、毛孔小，是加工南安板鸭的最好原料，或者选用一般麻鸭。原料鸭为饲养期 90～100 天、体重 1.25～1.75 千克的当年新鸭，然后以稻谷进行育肥 28～30 天，以鸭子头部全部换新毛为标准。

**2. 宰杀、煺毛**　毛鸭宰杀前停食 12～16 小时，然后采用颈部放血。待鸭子死后还带体热时，及时进行热烫煺毛，烫毛水温为 70～85℃，浸烫时间在 1～3 分钟，以能煺去翅膀羽毛为好，再进行煺毛。煺毛的顺序为：头颈→两翅膀→肩背部→尾部。煺去大毛后，再煺小毛，方法与南京板鸭煺小毛的相同。

**3. 割外五件**　外五件指两翅、两脚和带舌的下颌。割外五件时，将鸭体仰卧，左手抓住下颌骨，右手持刀从口腔内割破两口角，右手用刀压住上颌，左手将舌及下颌骨撕掉。然后用左手抓住左翅前臂骨，右手持刀对准肘关节，割断内外韧带，前臂骨即可割下。再用左手抓住左脚掌，对准跗关节，割断内

外侧韧带，下掉左脚掌；用同样的方法割去右翅和右脚。

4. 开膛（头刀工艺）　鸭体仰卧在操作台上，尾朝向操作者，稍向外仰斜，双手将腹中线（俗称外线）压向左侧 0.8～1 厘米，左手食指和大拇指分别压在胸骨柄和剑状软骨处，使偏离的腹中线固定不动。右手持刀刃稍向内倾斜，由胸骨柄处下刀，沿外线方向前推刀，剖开皮肤及胸大肌（浅层肌肉），用刀轻轻将右边皮肤、肌压一下，此时露出一条纵向线（俗称内线），再沿内线方向，刀刃稍向外倾斜向前推刀，当刀推至胸骨横突及锁骨处时（此处刀推不动），左手放开鸭体，稍用力向前下方拍刀背，骨头即可斩断，然后左手继续固定鸭体，右手持刀继续前推，剖开部分颈部皮肤。腹腔剖开后，左边胸骨、胸肉较多的称大边，右边胸骨、胸肉较少的称小边。再用刀将大边与内脏连接的韧带轻割一下，使内脏与大边腹壁分离，左手在前，右手在后分别抓住大边和小边，用力将胸向两边扳开，此时内脏全部暴露，先将鸭肫周围脂肪扒开，再将肌胃拉出，左手中指与食指伸入腹腔将腹壁托起，右手持刀在两指缝间沿腹中线方向将腹壁剖开至肛门处，但不能把肛门割破。最后将两侧关节壁劈开，劈关节时只将韧带斩断，骨头不能斩断，露出臂骨头。

5. 扒内脏　在肺与气管连接处将气管拉断并抽出，再将心脏、肝脏取出，然后将直肠前推，距肛门 3.3 厘米处拉断直肠，手持断端将肠管等内脏一起拉出。最后用手指剥离肺与胸壁连接的薄膜，将肺摘除。扒内脏时底板不能留有血迹、粪便，以免污染鸭体。

6. 二刀工艺　先割去睾丸或卵巢及残留内脏，将鸭皮肤朝下、尾朝前，放在操作台上，右手持刀放在右侧肋骨上，刀刃前部紧贴胸椎，刀刃后部偏开胸椎 1 厘米左右，左手拍刀背，将肋骨斩断。斩断肋骨的同时，将与皮肤相连的肌肉割断，并推向两边肋骨下，使皮肤上不粘有瘦肉。用同样的方法斩断另一侧肋骨。两侧肋骨斩断，刀口呈八字形，俗称劈八字。劈八字时母鸭留最后两根肋骨，公鸭全部斩断，以利造型后呈圆形。最后割去直肠断端、生殖器及肛门。割肛门时只割去三分之一，使肛门呈半圆形。

7. 腌制　先将精盐放入铁锅内用大火炒，炒至无水气，冷却后使用。然后把待腌的鸭子放在擦盐板上，将鸭颈椎拉出 3～4 厘米，撒上盐再放回揉搓 5～10 次，再向头部刀口撒些盐，将头颈弯向胸腹腔，平放在盐上，皮肤朝上，两手抓盐在背部来回擦，擦至手有点发上黏。一般早水鸭每只用盐 150～200 克，晚水鸭每只 100～125 克。最后将擦好盐的鸭子头颈弯向胸腹，大边靠缸，小边朝缸中心，皮肤朝下，放在缸内，一只压住另一只的 2/3，呈螺旋式上升。装满缸后，加盖腌制 8～12 小时。

8. 洗鸭、造型　腌制好的鸭子从缸中取出，先在 40℃ 左右的温水中冲洗一下，以除去未溶解的结晶盐。然后将鸭放在 40～50℃ 的温水中浸泡、冲洗 3 次，浸泡时要不断翻动鸭子，同时将残留内脏去掉，洗净污物，挤出尾脂腺，当僵直的鸭体变软时便可造型。

将鸭子放在一长 2 米、宽 0.63 米、吸水性强的木板上，先从倒数第四、第五颈椎处拧脱臼（早水鸭不用），然后将鸭皮肤朝上，尾部向前放在木板上，将鸭子左、右两腿的股关节拧脱臼，并将股四头肌前推，使鸭体显得肌肉丰满，外形美观。最后将鸭子在板上铺开，四周皮肤拉平，头向右弯，使整个鸭子呈桃圆形。

9. 穿绳露晒　造型晾晒 4～6 小时后，板鸭形状已固定，在板鸭的大边上用细绳穿上，然后用竹竿挂起，放在晒架上日晒夜露，一般经过 5～7 昼夜的露晒，小边肌肉呈玫瑰红色，较硬，颈椎骨明显可见 5～7 个，说明板鸭已干，可包装保存。

如果天气不好，要及时将板鸭送入烘房烘干。板鸭烘烤时应先将烘房温度调至 30℃，再将板鸭挂进烘房，烘房温度维持在 50℃ 左右，烘 2 小时左右将板鸭从烘房中取出冷却，待皮肤出现奶白色时，再放入烘房内烘干，直至符合要求取出。

10. 分级与包装　分级方法有出口和内销两种，其标准如下：

（1）出口标准　一级 0.8～0.9 千克，二级 0.7～0.79 千克，三级 0.6～0.69 千克，四级 0.5～0.59 千克。

（2）内销标准　一级 0.5～0.59 千克，二级 0.4～0.49 千克，三级 0.3～0.39 千克，四级 0.29 千克以下。

（3）包装　传统包装采用木桶和纸箱的大包装，现结合各种保存技术进行单个真空包装。

11. 成品规格

（1）外观　造型平整，似桃圆形，皮张乳白，毛脚干净，底板色泽鲜艳，无霉变、无生虫、无盐霜。鸭身干爽，干度 7～8 成，颈椎显露 5～7 个骨节，精肉呈棕红色，肋骨呈白色，大腿肉丰满。

（2）食味　气味纯正，腊味香浓，咸淡适中，肉嫩骨酥，有板鸭固有的风味。

## 三、南京琵琶鸭

琵琶鸭又称琵琶腊鸭，是南京的著名产品之一，制作这种鸭产品不受季节限制，一年四季均可生产。琵琶鸭形像琵琶，肉质干板，携带方便，食用简单，风味独特。

### （一）工艺流程

选料→宰杀、煺毛→开膛、整理→腌制→晒干→成品

### （二）操作要点

1. 选料　制作琵琶鸭的鸭子应选用肉质嫩、油脂少的当年鸭子，油脂过多夏天晒干时会滴油脂，风味下降。

2. 宰杀、煺毛　宰杀前需禁食 12 小时以上，采取颈部放血。在鸭子死后还带体温时，及时进行热烫煺毛。烫毛水温约为 70～85℃，时间为 1～3 分钟，取出煺去全部鸭毛，用流动水清洗鸭体。

3. 整理、开膛　浸烫煺毛后，先剖肚子。剖肚方法是在胸骨到肛门处开一长形刀口，用手指钩开胸部肌肉，使胸骨露出，用刀割除胸骨，除去食管、气管和内脏后，将鸭放入清水中浸泡 1 小时取出，滤干水分。

4. 腌制　采用混合腌制方法，先干腌后湿腌。

（1）干腌　将鸭放在案板上，用鸭体重 6.25％的盐擦遍鸭体全身内外，注意肉厚处多擦些盐。擦盐后放入容器中，置于阴凉处，腌制 2 小时左右，再进行湿腌。

（2）湿腌　湿腌时先配制盐卤，用清水 50 千克，加食盐 15 千克、生姜 90 克、大茴香 60 克、葱 70 克，加热煮沸，冷却至室温即可。每次可腌 40 只，每用一次后补加适量食盐，使盐水浓度保持在 23 波美度左右。将鸭坯放入盐卤中浸泡 6～8 小时。

5. 晒干　从卤缸里取出鸭子，用菜刀拍平鸭的胸部肋骨，或者放在桌子上用力压平。压平后用五条竹片，其中两根斜撑住鸭体，一根与鸭平行撑住，两根横撑，然后挂起晒干，也可将压平的鸭体放在筛子上平晒，2～3 天后便可晒干。晒干的琵琶鸭冬天可保存 3～4 个月，夏天可保存 1～2 个月。在保存期中，室温不宜过高，否则鸭体会干缩。琵琶鸭一般是煨汤吃，也可以蒸吃或煮吃。蒸吃前要用清水浸泡 1～3 小时，待肌肉发软，再蒸熟。煮吃方法与南京板鸭相似，水温控制在 80℃左右。

## 四、生酱鸭

生酱鸭选料讲究，工艺精良，配方独特，是杭州小来大集团生产的著名特

色传统品种之一。产品因具有色泽美、滋味鲜、酱香浓郁、肉质紧密、酥香不腻、风味独特,多次荣获全国各项金奖,驰名国内餐饮行业,成为同行中的佼佼者。

### (一)工艺流程

原辅包装材料的验收→原辅包装材料的贮存→解冻→清洗沥干→配料腌制→整形挂架→晾晒烘干→检验→成品

### (二)配方

1. 原材料 瘦肉型樱桃谷鸭 100 千克。

2. 香辛料 八角 0.1 千克,花椒 0.08 千克,肉果 0.06 千克,草果 0.06 千克,白芷 0.05 千克,千里香 0.05 千克,荜拨 0.05 千克,良姜 0.05 千克。

3. 辅料 酱油 20 千克,白砂糖 4 千克,精盐 2 千克,味精 0.5 千克,白酒 0.5 千克,D-异抗坏血酸钠 0.1 千克,红曲红 0.015 千克,亚硝酸钠 0.015 千克。

### (三)工艺操作要点

1. 原辅包装材料的验收 选择产品稳定的供应商,对新的供应商进行安全评价,向供应商索取每批材料的检验证明、有效的生产许可证和检验合格证。对每批原料进行感官检查,对鲜(冻)鸭、酱油、白砂糖、精盐、白酒、味精、D-异抗坏血酸钠、红曲红、亚硝酸钠、食用香料等原辅材料、包装材料进行验收,质量应符合国家相关标准中规定的要求。

2. 原辅包装材料的贮存 鲜(冻)鸭在-18℃贮存条件下贮存,贮存期不超过 6 个月。辅助材料和包装材料在干燥、避光、常温条件下贮存。

3. 原料解冻 鲜(冻)鸭在常温条件下解冻,解冻后在 20℃下存放不超过 2 小时。

4. 清洗沥干 修割尾脂腺,用刀切开鸭腹部,去除明显脂肪、淤血、肺、肾、小毛、黄皮等杂质,翻卷颈部皮肤,清理残留的气管、食道、淋巴结和残留的食物、砂粒等,用流动自来水冲洗干净,逐只挂在流水生产线上,沥干水分。

5. 配料腌制

(1)按配方规定要求,用天平和电子秤配制各种香辛料和调料及食品添加剂。

(2)香辛料放入 5 千克清水中浸泡 10 分钟,然后用文火加热到 95℃后焖煮 30 分钟,自然冷却。

（3）沥干后的原料鸭进入 0～4℃腌制间预冷 1 小时左右，使鸭腿的温度达 8℃以下。

（4）腌制桶中放入香辛料水和调味料及食品添加剂搅拌均匀后，逐只放入鸭，反复翻动，使辅料全部溶解，每隔 6 小时上下翻动 1 次，腌制 72 小时后出料。

6. 整形挂架　把腌制好的鸭子用不锈钢钩子钩住，整形呈平板状，排列整齐，挂在竹竿上，放在不锈钢车上。

7. 晾晒或烘干　冬季在阳光下晾晒 5 天左右，或进入烘房用 60℃左右的温度经 20 小时左右烘干，自然冷却。

8. 检验　红润有光泽，表面干爽，皮肤微有皱纹，鸭颈呈凹凸状。每批产品经检验合格后，下达检验报告单，方可出厂。

9. 食用方法　隔水蒸，家庭食用把酱鸭一分为四，酒店食用以整鸭蒸最佳，再将配料（鲜姜丝 30 克、白酒 20 克、白砂糖 15 克、香葱 15 克、麻油 10 克、味精 5 克）均匀撒在鸭肚上，不能用黄酒，黄酒容易发酸，电饭锅蒸25～30 分钟或高压锅有蒸汽后蒸 10 分钟，冷却即可食用。

# 五、酱香鸭腿

酱香鸭腿是传统的特色产品之一，采用食盐和酱油等辅料混合后腌制晒干或烘干而成的腌制产品。产品特点：呈酱红色，外形美观，风味独特，酱香浓郁，回味甘甜。

## （一）工艺流程

原料选择→解冻→整理→清洗→沥干→配料→腌制→整形挂架→晾晒烘干→检验→成品

## （二）配方

1. 原材料　鲜（冻）鸭腿 100 千克。

2. 香辛料　八角 0.1 千克，花椒 0.08 千克，草果 0.06 千克，肉果 0.06 千克，白芷 0.05 千克，香叶 0.05 千克，砂仁 0.05 千克，良姜 0.05 千克。

3. 辅料　酱油 5 千克，白砂糖 5 千克，精盐 1.5 千克，味精 0.5 千克，白酒 0.5 千克，D-异抗坏血酸钠 0.1 千克，红曲红 0.015 千克，亚硝酸钠 0.015 千克。

（三）操作要点

1. 原料选择　选用经兽医宰前检疫、宰后检验合格的优质胴体肉鸭分割鸭腿为原料。

2. 解冻　在常温下自然解冻或用流动自来水解冻，夏季解冻 2 小时，春秋季解冻 4～6 小时，冬季 8～10 小时。

3. 整理　去除表面的小毛等杂质，用刀从大腿上部肌肉丰满处切一下，使产品形状美观，腌制浸透均匀。

4. 清洗沥干　清洗鸭腿表面污物和浸泡血水，逐只检查后沥干水分待用。

5. 配料腌制

（1）按配方规定要求，用天平和电子秤配制各种香辛料和调料及食品添加剂。

（2）香辛料放入 5 千克清水中浸泡 10 分钟，然后用文火加热到 95℃后焖煮 30 分钟自然冷却。

（3）沥干后的原料鸭腿进入 0～4℃腌制间预冷 1 小时左右，使鸭腿的温度达 8℃以下。

（4）腌制桶中放入香辛料水和调味料及食品添加剂搅拌均匀后，放入鸭腿，反复搅拌，使辅料全部溶解，每隔 6 小时上下翻动一次，腌制 24 小时后出料。

6. 整形挂架

（1）将鸭腿用不锈钢钩钩住大腿肌骨中间，肌肉丰满处用弹簧支撑整形呈平板状。

（2）排列整齐挂在竹竿上，放在不锈钢小车上。

7. 晾晒烘干　春、秋、冬季在日光下晾晒 3～4 天，或进入烘房中用 60℃左右的温度进行 12 小时烘干，在常温下自然冷却，即为成品。

8. 检验

（1）感官　表面干爽，有皱纹，无异味，具有该产品固有的风味。

（2）理化　每批产品按标准要求经检验合格后，下达产品检验报告单，方可出厂。

# 六、酱（腊）鸭卷

产品特点：色泽皮白肉红，干爽光亮，鲜香味美，腊味浓郁，造型独特。

（一）工艺流程

原料选择→解冻→清洗整理→拆骨→配料腌制→摊筛整形→晾晒烘干→检验→成品

（二）配方

1. 酱香味　无骨白条鸭100千克，酱油5千克，白砂糖3千克，精盐1.5千克，味精1千克，鲜姜汁1千克，白酒1千克，D-异抗坏血酸钠0.1千克，乙基麦芽酚0.1千克，红曲红0.02千克，亚硝酸钠0.015千克。

2. 腊香味　无骨白条鸭100千克，精盐4千克，白酒0.5千克，D-异抗坏血酸钠0.1千克，五香粉0.05千克，亚硝酸钠0.015千克。

（三）操作要点

1. 原料选择　选用经兽医宰前检疫、宰后检验合格的樱桃谷鸭为原料，向供应商索取每批原料的检疫证明、生产许可证和产品合格证。

2. 解冻　用流动自来水或在常温下自然解冻。

3. 清洗整理　用自来水清洗，去除腹腔内的残留气管、食管、肺、明显脂肪、肾脏等杂质。

4. 拆骨　用不锈钢刀将鸭从刀口处把颈骨折断，在颈与翅膀相连处划一刀，划破鸭皮，抽出颈骨，用手翻开鸭皮，边翻边用刀割开，使骨肉分离，一直割到大腿末端，取出全部骨头，切去鸭尾脂腺，再将鸭皮翻回，恢复原状。

5. 配料腌制　按配方规定的要求，用天平和电子秤配制各种不同的调味料及食品添加剂，辅料搅拌均匀，原料放入不锈钢腌制桶中，投入辅料反复搅拌，使辅料全部溶解，中途每隔6小时翻动一次，腌制24小时出料。

6. 整形挂架　先把鸭体平摊在不锈钢网筛上烘干4小时左右，在工作台上把鸭皮朝外，肉朝里，平摊后卷成筒状，用专用麻绳从前面扎到后面固定，然后排列在竹竿上，进入55℃左右烘房继续烘12小时左右，在常温下自然冷却，即为成品。

7. 检验

（1）感官　表面干爽红亮，无异味，具有鸭肉卷固有的酱香和腊香味。

（2）理化　按产品标准要求进行检测，合格后方可出厂。

## 七、酱（腊）鸭脯

产品特点：色泽呈酱褐色或褐黄色，风味独特，肥而不腻，酱香浓郁，腊香味美。

### （一）工艺流程

原料选择→解冻→清洗沥干→配料腌制→摊筛→晾晒或烘干→检验→成品

### （二）配方

1. 酱香味　分割鸭胸脯肉 100 千克，酱油 6 千克，白砂糖 5 千克，精盐1.5 千克，味精 1 千克，白酒 1 千克，五香粉 0.1 千克，D-异抗坏血酸钠 0.1千克，红曲红 0.02 千克，亚硝酸钠 0.015 千克。

2. 腊香味　分割鸭胸脯肉 100 千克，精盐 2.5 千克，白砂糖 1 千克，白酒 1千克，味精 0.5 千克，D-异抗坏血酸钠 0.15 千克，亚硝酸钠 0.015 千克。

### （三）操作要点

1. 原料选择　选用经兽医宰前检疫、宰后检疫合格的优质鸭胸脯肉为原料，质量符合国家相关标准中规定的各项要求，每批产品进货索取检疫证明、生产许可证和产品检验合格证。

2. 解冻　用流动自来水或在常温下自然解冻。

3. 清洗沥干　去除明显的小毛等杂质，用自来水清洗干净，沥干水分。

4. 配料腌制　按配方规定要求，用天平或电子秤配制各种不同的调味料及食品添加剂，辅料全部搅拌均匀，原料放入不锈钢腌制桶中，投入辅料，反复搅拌，停 10 分钟后再搅拌 2 次，使辅料全部溶解为止，每隔 4 小时重新搅拌一次，让料液全部吸收，腌制 12 小时即可出料。

5. 摊筛整形　把鸭脯平摊在不锈钢网筛上，每只分散排列，不能靠在一起，每只用手整成长条形状。

6. 晾晒或烘干　放在不锈钢车子上，在日光下晾晒 2~3 天，或进入烘房用 60℃左右温度烘干 10 小时，常温自然冷却即为成品。

7. 检验

（1）感官　表面干爽、表皮有皱纹，有鸭脯固有的香味。

（2）理化　指标检测符合标准各项要求，可以出厂。

## 八、腊鸭腿

产品特点：色泽呈黄褐色，腊味醇厚，回味悠长。

### (一) 工艺流程

原料选择→解冻→清洗整理→配料腌制→整形挂架→晾晒烘干→检验→成品

### (二) 配方

鸭腿 100 千克，精盐 4 千克，花椒粉 0.05 千克，茴香粉 0.05 千克，D-异抗坏血酸钠 0.1 千克，亚硝酸钠 0.015 千克。

### (三) 工艺操作要点

1. 原料选择　选用经兽医宰前检疫、宰后检验合格的优质鸭腿为原料。
2. 解冻　用流动自来水或在常温条件下自然解冻。
3. 清洗整理　用自来水清洗鸭腿，去除表皮上明显小毛等杂质，沥干后用不锈钢刀在腿上部肌肉丰满处沿着大骨向下左右一刀，便于干燥时造型美观。
4. 配料腌制　按配方规定的要求，用天平或电子秤配制各种不同的调味料及食品添加剂，辅料搅拌均匀，原料放入不锈钢腌制桶中，放入辅料反复搅拌，使辅料全部溶解，中途每隔 4 小时翻动一次，腌制 12 小时出料。
5. 整形挂架　用不锈钢定型钩支住鸭腿两边的肌肉，腿呈平板状，挂在竹竿上排列整齐，放在不锈钢车上。
6. 晾晒烘干　白天把不锈钢车推到日光下，晾晒 3～4 天，晚上拿到仓库里，或在烘房用 55℃温度烘干 12 小时左右，在常温下自然冷却即为成品。
7. 检验
(1) 感官　表面干爽，无异味，具有腊鸭腿固有的香味。
(2) 理化　按产品标准要求进行检测，合格后方可出厂。

## 九、鸭肉香肠

产品经选料、绞碎、灌肠、烘干而成，其特点是红白分明、肥而不腻、咸甜适中、鲜嫩味美。

### (一) 工艺流程

原辅料验收→原辅料贮存→原料选择→解冻→清洗→绞肉切丁→配料搅拌→灌装成型→烘干→包装→检验→成品

### (二) 配方

鸭胸肉 70 千克，肥肉 30 千克，白砂糖 6 千克，精盐 3 千克，白酒 0.5 千克，味精 0.5 千克，D-异抗坏血酸钠 0.15 千克，红曲红 0.02 千克，亚硝酸钠 0.015 千克。

### (三) 操作要点

1. 原辅料验收　向供应商索取每批原料的检疫证明、有效的生产许可证和产品检疫合格证，对每批原料进行感官检查，对原料肉、肠衣等原辅材料进行验收。

2. 原辅料贮存　原料肉在 -18℃贮存条件下贮存，贮存期不超过 6 个月。

3. 原料选择　选择经兽医宰前检疫、宰后检验合格的原料。

4. 解冻　在常温条件下自然解冻或用流动自来水解冻。

5. 绞肉切丁　将肥肉送入切丁机中，切成 1 厘米×1 厘米方丁，用 40℃热水漂洗，再用冷水冲洗肥肉丁，沥干水分。把鸭脯肉用绞肉机绞成 2 厘米×2 厘米颗粒状。

6. 配料搅拌

(1) 按配方要求进行配料，用天平或电子秤配制各种调味料及食品添加剂。

(2) 将瘦肉粒和肥肉丁及已配好的辅料和添加剂，放入搅拌机中搅拌 10 分钟，待辅料和添加剂溶解后，静止 15 分钟出料。

7. 灌装成型

(1) 用真空灌肠机按不同规格，选用不同口径的人造胶原蛋白干肠衣置于清水盆中浸泡变软，清洗干净。

(2) 将料馅倒入灌肠机中，把肠衣套在机器的出料口。

(3) 启动机器将肉馅灌入肠衣中，要均匀、一致、饱满，预留 10 厘米的肠头，可以打结。

(4) 排掉肠体中的空气，按规格大小、长短用线绳分段扎牢，松紧要一致，否则影响外观。

（5）用 40℃的温水洗去肠衣外面黏附的油污、肉末等杂质，使肠体干爽并用麻绳串在竹竿上，排列整齐，沥干水分。

8. 烘干　香肠进入 55～60℃的烘房中，恒温 36 小时，在常温下自然冷却。

9. 包装　按不同规格要求，定量真空包装。

10. 检验　按中式香肠标准的要求进行检测，成品合格后方可出厂。

# 第二节　酱卤制品加工

## 一、南京盐水鸭

南京盐水鸭是南京名特产之一，选用优质瘦肉型樱桃谷白鸭为原料，用传统加工工艺结合现代食品加工新技术精制而成。一年四季均可加工，特点是腌制时间短，现做现卖，食之清淡而有盐味，色泽白净，肉质肥嫩，肥而不腻，鲜美可口。

### （一）工艺流程

原辅料验收→原辅料贮存→原料鸭解冻→清洗沥干→配料腌制→焯沸→煮制→冷却称重→杀菌→检验→外包装→成品入库

### （二）配方

1. 腌制料　全净膛白鸭 100 千克。

（1）干腌制料　食用盐 6 千克，八角 0.06 千克，花椒 0.03 千克。

（2）湿腌制料　食用盐 40 千克，生姜 0.5 千克，大葱 0.5 千克，大茴香 0.2 千克。

2. 煮制料　生姜 0.5 千克，大葱 0.3 千克，大茴香 0.05 千克，双乙酸钠 0.3 千克，乳酸链球菌素 0.05 千克，山梨酸钾 0.007 5 千克。

### （三）操作要点

1. 原辅料验收　向供应商索取每批原料的检疫证明、有效的生产许可证和检验合格证。对鲜（冻）鸭、食用盐、香辛料等原辅料进行验收。

2. 原辅包装材料的贮存　鲜（冻）鸭在 −18℃贮存条件下贮存，贮存期不超过 6 个月。辅助材料和包装材料在干燥、避光、常温条件下贮存。

3. 原料解冻　鲜（冻）鸭在常温条件下解冻，解冻后在 20℃下存放不超过 2 小时。

4. 清洗沥干　去除明显脂肪、淤血、肺、肾、小毛、黄皮等杂质，翻卷颈部皮肤，清理残留的气管、食道、淋巴结和残留的食物、砂粒等。用流动的自来水冲洗干净，逐只挂在流水生产线上，沥干水分。

5. 配料腌制　用天平和电子秤配制各种不同的配方。

(1) 干腌法　先把锅加热放入干腌料、食用盐、八角、花椒，翻炒至盐干爽发淡黄色为佳，出锅进行冷却。用筛网过滤，去掉香辛料残渣，先取用盐量的 3/4，从右腋下刀口放入体腔，并用手指将少量食用盐塞进食管通道，然后使鸭体滚动翻转，以便使食用盐均匀分布在体腔内壁，再把鸭放在案板上，将其余 1/4 食用盐擦于鸭体表，注意刀口处和肉厚部位多擦盐，擦盐后把鸭逐只叠于缸中。干腌时间春、秋季约 3 小时，夏季时间约 2 小时，冬季时间约 4 小时，鸭体大时间长些，鸭体小时间短些。

(2) 湿腌法　又称复卤，湿腌须先配制卤液，将食用盐 40 千克溶入 150 千克热水中，用不锈钢勺子不停搅动，使食用盐全部溶解后滤入腌制缸中，同时再把大茴香 0.2 千克、生姜 0.5 千克、大葱 0.5 千克用纱布包好放入锅中，旺火烧沸，撇去表面浮沫杂物，冷却后即成卤液。每次可复卤约 50 只鸭，使卤液浓度保持在 25 波美度左右，不足时补盐，达到此浓度时可反复使用进行腌制，用过 3~4 次，卤液混浊不清时需要煮沸，同时补加香辛料和食用盐，以防止卤液变质，卤液越老越香。抓住鸭颈、鸭先浸卤，鸭体腔内灌满卤液，并将鸭淹没在卤液下面，防止鸭体上浮可用竹箅压住，复卤时间约 2 小时，腌制后取出沥干水分。

6. 焯沸　用 100℃ 开水，放入腌制后的鸭体上下翻动 2~3 分钟，用流动水冲洗干净。

7. 煮制　取一根长约 7 厘米、直径 2 厘米左右的竹管插入鸭肛门，一半在里面一半在外面，以利热水灌入体腔。从右腋下刀口处放入体腔内生姜 2 片、大葱 2 根、大茴香 2 颗（如鸭体宰杀时在腹部下面开大口，就不需要上述操作方法，直接入锅煮制）。锅中加 150 千克清水，同时放入生姜、大葱、大茴香，烧沸后将鸭放入沸水中，使沸水进入到鸭体内，用不锈钢钩提起鸭腋下胸骨或左腿，倒出体腔内水分，再放入锅中，使热水再次进入到鸭体腔内，然后加入约与锅内水量 1/3 的凉水，盖上锅盖焖煮 20 分钟左右，继续加热，待锅内水响，周边出现小水泡，此时水温约 90℃，再一次提起鸭倒出体腔内水分，并向锅中放入少量凉水，然后把鸭放在水中焖煮 15 分钟左右，再加热至水响，锅边出现小水泡时，立即将鸭取出。

8. **冷却称重**　卤煮好的产品摊放在不锈钢工作台上进行冷却，按不同规格要求准确称重。

9. **真空包装**　抽真空前先预热机器，调整好封口温度、真空度和封口时间，袋口用专用消毒的毛巾擦干（防止袋口有油渍）后封口，结束后逐袋检查封口是否完好，轻轻摆放在杀菌专用周转筐中。

10. **杀菌**　杀菌采用微波杀菌法，打开微波电源盒按钮，让设备自行运转，物料平放在进料平台上，不能重叠。同时调整好温度和加热时间，转速600 转/分，中心温度 85～90℃为宜，杀菌后用 85℃水浴 20 分钟，出来用流动自来水冷却 60 分钟，沥干水分，晾干。

11. **检验**　检查杀菌记录表和冷却是否彻底凉透，送样到质检部门按国家相关标准要求进行检验。

12. **外包装**　按批次检验合格后下达检验报告单，打印批号同生产日期必须严格对应，打印的位置应统一，字迹清晰、牢固。

13. **成品入库**　按规格要求定量装箱，外箱注明品名、生产日期，方可进入成品库。

# 二、樟 茶 鸭

选用优质瘦肉型樱桃谷白鸭为原料，工艺精良、配方独特，产品色泽红亮、皮脆肉酥、鲜香味美，带有茶叶、樟树之芳香，小吃、宴席均可食用。

## （一）工艺流程

原辅料验收→原辅料贮存→解冻→清洗沥干→配料腌制→煮制→熏制→真空包装→杀菌→冷却→检验→外包装→成品入库

## （二）配方

1. **腌制料**　全净膛白鸭 100 千克。

（1）**香辛料**　八角 0.15 千克，花椒 0.15 千克，肉果 0.1 千克，香叶 0.05 千克，砂仁 0.05 千克，白芷 0.05 千克，千里香 0.03 千克，辛夷 0.03 千克。

（2）**辅料**　食用盐 4 千克，白砂糖 2 千克，D-异抗坏血酸钠 0.1 千克，亚硝酸钠 0.015 千克。

2. 煮制料　食用盐 3 千克，白砂糖 2 千克，味精 0.8 千克，白酒 0.5 千克，香葱 0.5 千克，生姜 0.5 千克，乙基麦芽酚 0.1 千克，山梨酸钾 0.007 5 千克。

3. 熏制料　樟木屑 5 千克，红茶叶 2 千克，干水果皮 1 千克。

## （三）操作要点

1. 原辅材验收　向供应商索取每批原料的检疫证明、有效的生产许可证和检验合格证，对鲜（冻）鸭、食用盐、香辛料等原辅料进行验收，质量应符合国家相关标准中的规定。

2. 原辅料贮存　鲜（冻）鸭在 -18℃ 贮存条件下贮存，辅料在干燥、避光、常温条件下贮存。

3. 解冻　去除外包装，入池加满自来水，用流动自来水进行解冻，夏季解冻时间为 1～2 小时，春秋季解冻时间为 3～4 小时，冬季解冻时间为 6～8 小时。

4. 清洗沥干　解冻后沥干水分，放在不锈钢工作台上用刀逐只进行整理清洗，去除明显脂肪和食管、气管、肺、肾、血伤等杂质。

5. 配料腌制　按原料 100% 计算所需的各种不同的配方，用天平和电子秤配制香辛料和调味料（香辛料用文火煮制 30～60 分钟），用 10 波美度盐水腌制 2 小时。

6. 煮制　按规定配方比例配制香辛料（重复使用二次，第一次腌制，第二次煮制）和辅料，添加 120 千克清水，调整为 2～3 波美度，待水温 100℃ 时放入原料，保持温度为 90～95℃，时间 20 分钟，即可捞出沥卤，然后把老汤重新烧开，冷却后用双层纱布过滤，用专用容器盛装并盖上桶盖，留待下次使用。

7. 熏制　在不锈钢烟熏箱里放入半成品鸭，下面物料盘内铺上樟木屑、红茶叶、水果皮等熏料。点燃、开大火，使熏料燃烧冒烟，熏约 15 分钟，见鸭皮呈淡黄色、均匀一致为佳，即可出料。

8. 冷却称重　卤煮的产品摊放在不锈钢工作台上冷却（夏季用空调），修剪掉明显的骨刺，按不同规格要求准确称重。

9. 真空包装　抽真空前先预热机器，调整好封口温度、真空度和封口时间，袋口用专用消毒的毛巾擦干（防止袋口有油渍）后封口，结束后逐袋检查封口是否完好，轻拿轻放摆放在杀菌专用周转筐中。

10. 杀菌

（1）杀菌操作　按压力容器操作要求和工艺规范进行，升温时必须保持有3分钟以上的排气时间，排净冷空气。

（2）采用高温杀菌　杀菌式：10分钟—20分钟—10分钟（升温—恒温—降温）/121℃，反压冷却。

11. 冷却　排净锅内水，剔除破包，出锅后应迅速转入流动自来水池中，强制冷却1小时左右，上架、平摊、沥干水分。

12. 检验　检查杀菌记录表和冷却是否彻底凉透，送样到质检部门按国家相关标准要求进行检验。

13. 外包装　按批次检验合格后下达检验报告单，打印批号同生产日期必须严格对应，打印的位置应统一，字迹清晰牢固。

14. 成品入库　按规格要求定量装箱，外箱注明品名、生产日期，方可进入成品库。

15. 食用方法　开袋即食，或在170℃油锅里稍炸2分钟左右，皮脆即可取出，切块食用。

# 三、小来大酱板鸭

小来大酱板鸭选料讲究、工艺精良、配方独特，产品色泽美、滋味鲜、酥香而不腻，驰名国内外餐饮行业，多次被评为金奖产品，为同行业中的佼佼者。

## （一）工艺流程

原辅包装材料的验收→原辅包装材料的贮存→原料鸭解冻→分切、清洗、沥干→配料腌制→挂架→烘干→煮制→冷却→修剪→真空包装→杀菌→冷却→检验→外包装→成品入库

## （二）配方

瘦肉型樱桃谷白鸭100千克。

1. 腌制料　酱油20千克，白砂糖5千克，精盐2千克，味精0.5千克，白酒0.5千克，五香粉0.05千克，红曲红0.015千克，亚硝酸钠0.015千克。

2. 煮制料　白砂糖4千克，酱油4千克，食用盐3千克，味精0.5千克，白酒0.5千克，生姜0.5千克，香葱0.5千克，红曲红0.02千克，山梨酸钾

0.007 5 千克。

### （三）操作要点

1. 原辅包装材料的验收　选择产品稳定的供应商，对新的供应商进行安全评价，向供应商索取每批材料的检验证明、有效的生产许可证和检验合格证。对每批原料进行感官检查，对鲜（冻）鸭、酱油、白砂糖、精盐、白酒、味精、红曲红、亚硝酸钠、食用香料等原辅材料、包装材料进行验收，质量应符合国家相关标准中规定的要求。

2. 原辅包装材料的贮存　鲜（冻）鸭在 -18℃贮存条件下贮存，贮存期不超过 6 个月。辅助材料和包装材料在干燥、避光、常温条件下贮存。

3. 原料解冻　鲜（冻）鸭在常温条件下解冻，解冻后在 20℃下存放不超过 2 小时。

4. 分割、清洗、沥干　修割尾脂腺，用刀切开鸭腹部，去除明显脂肪、淤血、肺、肾、小毛、黄皮等杂质，翻卷颈部皮肤，清理残留的气管、食道、淋巴结残留的食物、砂粒等，用流动的自来水冲洗干净，逐只挂在流水生产线上，沥干水分。

5. 配料腌制

（1）按配方规定要求，用天平和电子秤配制各种香辛料和调料及食品添加剂。

（2）香辛料放入 5 千克清水中浸泡 10 分钟，然后用文火加热到 95℃后焖煮 30 分钟自然冷却。

（3）沥干后的原料鸭进入 0~4℃腌制间预冷 1 小时左右，使鸭胴体的温度达 8℃以下。

（4）腌制桶中放入香辛料水和调味料及食品添加剂搅拌均匀后，逐只放入鸭，反复翻动，使辅料全部溶解，每个 6 小时上下翻动一次，腌制 72 小时后出料。

6. 挂架　把腌制好的鸭子用不锈钢钩子钩住，整形呈平板状，排列整齐挂在竹竿上，放在不锈钢车上。

7. 烘干　冬季在阳光下晾晒 5 天左右，或进入烘房用 60℃左右的温度经 20 小时左右烘干，自然冷却。

8. 煮制　按规定配方比例配制调味料，在 120 千克清水中放入调味料，调整为 3~4 波美度，待水温达 95℃时放入鸭坯，保持温度为 85~90℃，时间 10 分钟，即可捞出沥卤，然后把老汤重新煮沸，冷却后用双层纱布过滤，用专用容器盛装并盖上桶盖，留下次卤制时使用。

9. 冷却　卤煮好的产品摊放在不锈钢工作台上进行冷却。

10. 修剪　用不锈钢剪刀去除鸭表面明显的骨刺。

11. 真空包装

（1）将酱鸭装袋，注意袋口油污，影响封口，装袋平整。

（2）真空机调整真空度为 0.9 帕以上，时间不少于 30 秒，热封时间为 3 秒左右，热封温度为 180～200℃。

（3）开始先预热机器，否则袋口出现假封口的现象。

12. 杀菌

（1）杀菌操作　按压力容器操作要求和工艺规范进行，升温时必须保证有 3 分钟以上的排气时间，排净冷空气。

（2）采用高温杀菌　杀菌式：10 分钟—20 分钟—10 分钟（升温—恒温—降温）/121℃，反压冷却。

13. 冷却　排尽锅内水，剔除破包，出锅后应迅速转入流动自来水冷却池中强制冷却 1 小时左右，上架、平摊、沥干水分。

14. 检验　检查杀菌记录表和冷却是否彻底凉透，送样到质检部门按国家相关标准要求进行检验。

15. 外包装　按批次检验合格后下达检验报告单，打印的批号必须同生产日期严格对应，打印的位置应统一，字迹清晰、牢固。

16. 成品入库　按规格要求定量装箱，外箱注明品名、生产日期，方可进入成品库。

# 四、火腿老鸭煲

选用优质土麻鸭为原料，运用现代食品加工新技术与秘制配方，加入火腿肉、香菇、野山笋精制而成。产品具有高蛋白、低脂肪、低胆固醇的现代营养理念，色泽呈乳白色，肉质细嫩，汤汁浓郁，鲜香味美，食用方便。

## （一）工艺流程

原辅材料的验收→原辅材料的贮存→原料鸭解冻→清洗沥干→配料腌制→焯水→煮制→冷却→修剪→填料→称重→真空包装→高温杀菌→冷却检验→外包装→成品入库

### （二）配方

全净膛土麻鸭 100 千克，食用盐 4 千克，小竹笋 3 千克，火腿肉 2 千克，香菇 0.5 千克，白酒 0.5 千克，生姜 0.5 千克，香葱 0.5 千克，味精 0.5 千克，白蔻仁 0.08 千克，香叶 0.05 千克，白芷 0.05 千克，千里香 0.03 千克，乙基麦芽酚 0.1 千克，亚硝酸钠 0.015 千克，山梨酸钾 0.007 5 千克。

### （三）操作要点

1. **原辅料的验收**　选择产品质量稳定的供应商，对新的供应商进行原料安全评价，向供应商索取每批原料的检疫证明、有效的生产许可证和检验合格证。对每批原料进行感官检查，对鲜（冻）鸭、食用盐、香辛料等原辅料及包装材料进行验收，质量应符合国家相关标准中的规定。

2. **原辅料的贮存**　鲜（冻）鸭在 -18℃ 贮存条件下贮存，贮存期不超过 6 个月。辅助材料和包装材料在干燥、避光、常温条件下贮存。

3. **原料鸭解冻**　去除外包装，入池加满自来水，用流动自来水进行解冻。依池容量大小确定解冻时间，夏季解冻时间为 1～2 小时，春、秋季解冻时间为 3～4 小时，冬季解冻时间为 6～8 小时。

4. **清洗沥干**　解冻后沥干水分，放在不锈钢工作台上用刀逐只进行整理、清洗，去除明显脂肪和食管、气管、肺、肾、血伤等杂质。

5. **配料腌制**　按原料 100% 计算所需的各种不同的配方，用天平和电子秤配制香辛料和调味料（香辛料用文火煮制 30～60 分钟），用 10.15% 盐水腌制 2 小时。

6. **焯水**　用 100℃ 开水放入腌制后的土麻鸭，浸湿 2～3 分钟后取出，投入流动水中清洗干净。

7. **煮制**　按规定配方比例配制香辛料（重复使用 2 次，第一次腌制，第二次煮制）和辅料，添加 120 千克清水，调整为 2～3 波美度，待水温 100℃ 时放入原料，保持温度在 90～95℃，时间 20 分钟，即可捞出沥卤，然后把老汤重新烧开，冷却后用双层纱布过滤，用专用容器盛装并盖上桶盖，留待下次使用。

8. **冷却称重**　卤煮的产品摊放在不锈钢工作台上进行冷却（夏季用空调），修剪掉明显的骨刺，每只鸭煲腹腔内填入竹笋 0.04 千克、火腿肉 0.02 千克、水发香菇 0.02 千克，按不同规格要求准确称重（正负误差在 3～5 克）。

9. **真空包装**　抽真空前先预热机器，调整好封口温度、真空度和封口时间，袋口用专用消毒的毛巾擦干（防止袋口有油渍）后封口，结束后逐袋检查封口是否完好，轻拿轻放摆放在杀菌专用周转筐中。

10. 杀菌

（1）杀菌操作　按压力容器操作要求和工艺规范进行，升温时必须保持有3分钟以上的排气时间，排净冷空气。

（2）采用高温杀菌　杀菌式：10分钟—20分钟—10分钟（升温—恒温—降温）/121℃，反压冷却。

11. 冷却　排净锅内水，剔除破包，出锅后应迅速转入流动自来水池中，强制冷却1小时左右，上架平摊沥干水分。

12. 检验　检查杀菌记录表和冷却是否彻底凉透，送样到质检部门按国家相关标准要求进行检验。

13. 外包装　按批次检验合格后下达检验报告单，打印批号同生产日期必须严格对应，打印的位置应统一，字迹清晰、牢固。

14. 成品入库　按规格要求定量装箱，外箱注明品名、生产日期，方可进入成品库。

# 五、酱香鸭

选用优质瘦肉型樱桃谷白鸭为原料，运用现代食品加工新技术和传统工艺相结合精制而成，赋予产品色泽酱红、有光泽、滋味鲜香、酥而不腻等特点。

## （一）工艺流程

原辅料的验收→原辅料的贮存→原料鸭解冻→清洗沥干→配料腌制→上色油炸→煮制→冷却称重→真空包装→杀菌→冷却→检验→外包装→成品入库

## （二）配方

1. 腌制料　全净膛白鸭100千克。

（1）香辛料　八角0.15千克，肉桂0.1千克，花椒0.1千克，白芷0.06千克，香叶0.05千克，砂仁0.05千克。

（2）辅料　白砂糖6千克，酱油6千克，食用盐3千克，味精0.5千克，白酒0.5千克，D-异抗坏血酸钠0.1千克，红曲红0.04千克，亚硝酸钠0.015千克。

2. 煮制料　白砂糖4千克，酱油3千克，食用盐2千克，味精0.5千克，白酒 0.5 千克，生姜 0.5 千克，香葱 0.5 千克，乙基麦芽酚 0.1 千克，红曲红 0.02 千克，山梨酸钾 0.007 5 千克。

3. 上色料　饴糖 5 千克、大红浙醋 2.5 千克。

### (三) 操作要点

1. **原辅料验收**　向供应商索取检疫证明、生产许可证和检验合格证，对原辅料进行验收。

2. **原辅料贮存**　原料在 −18℃ 贮存条件下贮存。辅料在干燥、避光、常温条件下贮存。

3. **解冻**　去除外包装，入池加满自来水，用流动自来水进行解冻，夏季解冻时间为 1～2 小时，春、秋季解冻时间为 3～4 小时，冬季解冻时间为 6～8 小时。

4. **清洗沥干**　解冻后沥干水分，放在不锈钢工作台上用刀逐只进行整理清洗，去除明显脂肪和食管、气管、肺、肾、血伤等杂质。

5. **配料腌制**　按原料计算所需的各自不同的配方，用天平和电子秤配制香辛料和调味料（香辛料用文火煮 30～60 分钟），60 千克清水中加入上述香辛料，煮制冷却后和辅料混合均匀，放入鸭腌制 24 小时，中途每 6 小时翻动一次，使料液浸透鸭体。

6. **上色油炸**　上色料加清水 7.5 千克搅拌均匀，把沥干水分的鸭在料液中浸一下，挂起风干 1～2 小时，油锅（油水分离油炸机）温度上升到 170℃ 时，鸭在里面微炸 1～2 分钟，外表色泽呈均匀一致的红褐色时起锅沥油。

7. **煮制**　按规定配方比例配制香辛料（重复使用 2 次，第一次腌制，第二次煮制）和辅料，添加 120 千克清水，调整为 2～3 波美度，待水温 100℃ 时放入原料，保持温度为 90～95℃，时间 20 分钟，即可捞出沥卤，然后把老汤重新烧开，冷却后用双层纱布过滤，用专用容器盛装并盖上桶盖，留待下次使用。

8. **冷却称重**　卤煮的产品摊放在不锈钢工作台上冷却（夏季用空调），修剪掉明显的骨刺，按不同规格要求准确称重。

9. **真空包装**　抽真空前先预热机器，调整好封口温度、真空度和封口时间，袋口用专用消毒的毛巾擦干（防止袋口有油渍）后封口，结束后逐袋检查封口是否完好，轻拿轻放摆放在杀菌专用周转筐中。

10. **高温杀菌**　杀菌式：10 分钟—20 分钟—10 分钟（升温—恒温—降温）/121℃，反压冷却。

11. 冷却　出锅后应迅速转入流动自来水池中，强制冷却 1 小时左右，上架、平摊、沥干水分。

12. 检验　检查杀菌记录表和冷却是否彻底凉透，送样到质检部门按国家相关标准要求进行检验。

13. 外包装　按批次检验合格后下达检验报告单，打印批号同生产日期必须严格对应，打印的位置应统一，字迹清晰、牢固。

14. 成品入库　按规格要求定量装箱，外箱注明品名、生产日期，方可进入成品库。

# 六、香 酥 鸭

选用优质樱桃谷白鸭为原料，采用特殊工艺，结合现代科学加工新技术精制而成，赋予产品芳香纯正、香酥味美、色泽红润、鲜嫩可口的特点。

## （一）工艺流程

原料鸭选择→解冻→清洗沥干→配料腌制→上色油炸→煮制→冷却称重→真空包装→杀菌→冷却→检验→外包装→成品入库

## （二）配方

1. 腌制料　全净膛白鸭 100 千克。

（1）香辛料　八角 0.1 千克，花椒 0.1 千克，肉果 0.1 千克，砂仁 0.1 千克，荜拨 0.06 千克，陈皮 0.06 千克，千里香 0.05 千克，白芷 0.05 千克。

（2）辅料　食用盐 4 千克，白砂糖 2 千克，味精 0.5 千克，亚硝酸钠 0.015 千克。

2. 煮制料　白砂糖 4 千克，食用盐 3 千克，味精 0.5 千克，生姜 0.5 千克，香葱 0.5 千克，白酒 0.5 千克，鸭肉浸膏 0.5 千克，乙基麦芽酚 0.1 千克。

3. 上色料　清水 7.5 千克，饴糖 5 千克，大红浙醋 2.5 千克。

## （三）操作要点

1. 原料选择　选用经兽医检验合格的白条鸭为原料。

2. 解冻　去除外包装，入池加满自来水，用流动自来水进行解冻。依池容量大小确定解冻时间，夏季解冻时间为 1～2 小时，春、秋季解冻时间为 3～

4 小时，冬季解冻时间为 6~8 小时。

3. 清洗沥干　解冻后沥干水分，放在不锈钢工作台上用刀逐只进行整理清洗，去除明显脂肪和食管、气管、肺、肾、血伤等杂质。

4. 配料腌制　按原料计算所需的各自不同的配方，用天平和电子秤配制香辛料和调味料（香辛料用文火煮 30~60 分钟），60 千克清水中加入上述香辛料水和辅料混合均匀，放入鸭腌制 24 小时，中途每 6 小时翻动一次，使料液浸透鸭体。

5. 上色油炸　上色料加清水 7.5 千克搅拌均匀，把沥干水分的鸭在料液中浸一下，挂起风干 1~2 小时，油锅（油水分离油炸机）温度上升到 170℃时，鸭在里面微炸 1~2 分钟，外表色泽呈均匀一致的红褐色时起锅沥油。

6. 煮制　按规定配方比例配制香辛料（重复使用 2 次，第一次腌制，第二次煮制）和辅料，添加 120 千克清水，调整为 2~3 波美度，待水温 100℃时放入原料，保持温度在 90~95℃，时间 20 分钟，即可捞出沥卤。

7. 冷却称重　卤煮的产品摊放在不锈钢工作台上冷却（夏季用空调），修剪掉明显的骨刺，按不同规格要求准确称重。

8. 真空包装　袋口用专用消毒的毛巾擦干（防止袋口有油渍）后封口，结束后逐袋检查封口是否完好，轻拿轻放摆放在杀菌专用周转筐中。

9. 高温杀菌　杀菌式：10 分钟—20 分钟—10 分钟（升温—恒温—降温）/121℃，反压冷却。

10. 冷却　出锅后应迅速转入流动自来水池中，强制冷却 1 小时左右，上架、平摊、沥干水分。

11. 检验　检查杀菌记录表和冷却是否彻底凉透，送样到质检部门按国家相关标准要求进行检验。

12. 外包装　按批次检验合格后下达检验报告单，打印批号同生产日期必须严格对应，打印的位置应统一，字迹清晰、牢固。

13. 成品入库　按规格要求定量装箱，外箱注明品名、生产日期，方可进入成品库。

# 七、枣香鸭

选用优质瘦肉型樱桃谷白鸭为原料，运用现代食品加工新技术和传统工艺相结合，利用红枣的甘甜醇香同辅料进行发酵，赋予产品外形美观、味醇鲜嫩、色泽红润、香甜可口等特点。

### （一）工艺流程

原料鸭选择→解冻→清洗沥干→配料腌制→煮制→冷却称重→真空包装→杀菌→冷却→检验→外包装→成品入库

### （二）配方

1. **腌制料** 全净膛白鸭 100 千克。

（1）香辛料 清水 60 千克，红枣 2 千克，八角 0.05 千克，陈皮 0.05 千克，白芷 0.05 千克，香叶 0.05 千克，良姜 0.05 千克，白蔻仁 0.05 千克。

（2）辅料 食用盐 4 千克，白砂糖 3 千克，味精 0.5 千克，白酒 0.5 千克，D-异抗坏血酸钠 0.1 千克，亚硝酸钠 0.015 千克。

2. **煮制料** 清水 120 千克，食用盐 3 千克，白砂糖 3 千克，酱油 2 千克，红枣 2 千克，味精 1 千克，白酒 0.5 千克，生姜 0.5 千克，香葱 0.5 千克，乙基麦芽酚 0.1 千克，山梨酸钾 0.0075 千克。

### （三）操作要点

1. **原料选择** 选用经兽医宰前检疫、宰后检验合格的白条鸭为原料。

2. **原料鸭解冻** 去除外包装，入池加满自来水，用流动自来水进行解冻。依池容量大小确定解冻时间，夏季解冻时间为 1～2 小时，春秋季解冻时间为 3～4 小时，冬季解冻时间为 6～8 小时。

3. **清洗沥干** 解冻后沥干水分，放在不锈钢工作台上用刀逐只进行整理、清洗，去除明显脂肪和食管、气管、肺、肾、血伤等杂质。

4. **配料腌制** 按原料计算所需的各自不同的配方，用天平和电子秤配制香辛料和调味料（香辛料用文火煮 30～60 分钟），60 千克清水中加入上述香辛料水和辅料混合均匀，放入鸭腌制 24 小时，中途每 6 小时翻动一次，使料液浸透鸭体。

5. **煮制** 按规定配方比例配制香辛料（重复使用 2 次，第一次腌制，第二次煮制）和辅料，添加 120 千克清水，调整为 2～3 波美度，待水温 100℃时放入原料，保持温度在 90～95℃，时间 20 分钟，即可捞出沥卤，然后把老汤重新烧开，冷却后用双层纱布过滤，用专用容器盛装并盖上桶盖，留待下次使用。

6. **冷却称重** 卤煮的产品摊放在不锈钢工作台上冷却（夏季用空调），修剪掉明显的骨刺，按不同规格要求准确称重（正负误差在 3～5 克）。

7. 真空包装　抽真空前先预热机器，调整好封口温度、真空度和封口时间，袋口用专用消毒的毛巾擦干（防止袋口有油渍）后封口，结束后逐袋检查封口是否完好，轻拿轻放摆放在杀菌专用周转筐中。

8. 高温杀菌　杀菌式：10 分钟—20 分钟—10 分钟（升温—恒温—降温）/121℃，反压冷却。

9. 冷却　出锅后应迅速转入流动自来水池中，强制冷却 1 小时左右，上架、平摊、沥干水分。

10. 检验　检查杀菌记录表和冷却是否彻底凉透，送样到质检部门按国家相关标准要求进行检验。

11. 外包装　按批次检验合格后下达检验报告单，打印批号同生产日期必须严格对应，打印的位置应统一，字迹清晰、牢固。

12. 成品入库　按规格要求定量装箱，外箱注明品名、生产日期，方可进入成品库。

## 八、糟汁鸭

选用优质土麻鸭为原料，用传统加工工艺结合现代食品加工新技术与秘制配方精制而成，赋予产品色泽乳白、糟香爽口、滋味鲜美、回味悠长等特点。

### （一）工艺流程

验收→贮存→解冻→清洗沥干→配料腌制→煮制→浸泡→冷却称重→真空包装→杀菌→冷却→检验→外包装→成品入库

### （二）配方

1. 腌制料　全净膛土麻鸭 100 千克，花椒盐 5 千克，D-异抗坏血酸钠 0.15 千克。

2. 煮制料　清水 120 千克，食用盐 2 千克，白酒 0.5 千克，白砂糖 0.5 千克，味精 1 千克，生姜 0.5 千克，香葱 0.5 千克。

3. 浸泡卤

（1）香辛料　清水 30 千克，八角 0.05 千克，白芷 0.05 千克，草果 0.05 千克，陈皮 0.05 千克，白蔻仁 0.05 千克，小茴香 0.05 千克。

（2）辅料　香糟卤 30 千克，黄酒 5 千克，食用盐 2 千克，白砂糖 1 千克，乙基麦芽酚 0.15 千克，山梨酸钾 0.007 5 千克。

### （三）流程要点

1. 原辅料验收　向供应商索取检疫证明、生产许可证和检验合格证，对原辅料进行验收。

2. 贮存　原料在 −18℃ 贮存条件下贮存。辅料在干燥、避光、常温条件下贮存。

3. 解冻　去除外包装，用流动自来水进行解冻，夏季解冻时间为 1～2 小时，春、秋季解冻时间为 3～4 小时，冬季解冻时间为 6～8 小时。

4. 清洗沥干　解冻后沥干水分，放在不锈钢工作台上用刀逐只进行整理、清洗，去除明显脂肪和食管、气管、肺、肾、血伤等杂质。

5. 配料腌制　按原料 100% 计算所需的各自不同的配方，用天平和电子秤配制辅料，混合后均匀洒在鸭身上擦透，干挂 2 小时，用清水冲洗干净。

6. 煮制　按规定配方比例配制香辛料（重复使用 2 次，第一次腌制，第二次煮制）和辅料，添加 120 千克清水，调整为 2～3 波美度，待水温 100℃ 时放入原料，保持温度在 90～95℃，时间 20 分钟，即可捞出沥卤，然后把老汤重新烧开，冷却后用双层纱布过滤，用专用容器盛装并盖上桶盖，留待下次使用。

7. 浸泡　预先配制浸泡卤液，熟化后的鸭投入到卤水中浸泡 12 小时左右，取出沥卤。

8. 冷却称重　卤煮的产品摊放在不锈钢工作台上进行冷却（夏季用空调），修剪掉明显的骨刺，按不同规格要求准确称重。

9. 真空包装　袋口用专用消毒的毛巾擦干（防止袋口有油渍）后封口，结束后逐袋检查封口是否完好，轻拿轻放摆放在杀菌专用周转筐中。

10. 高温杀菌　杀菌式：10 分钟—20 分钟—10 分钟（升温—恒温—降温）/121℃，反压冷却。

11. 冷却　排净锅内水，剔除破包，出锅后应迅速转入流动自来水池中，强制冷却 1 小时左右，上架、平摊、沥干水分。

12. 检验　检查杀菌记录表和冷却是否彻底凉透，送样到质检部门按国家相关标准要求进行检验。

13. 外包装　按批次检验合格后下达检验报告单，打印批号同生产日期必须严格对应，打印的位置应统一，字迹清晰、牢固。

14. 成品入库　按规格要求定量装箱，外箱注明品名、生产日期，方可进入成品库。

# 九、三　套　鸭

此菜是维扬菜肴、别具一格的传统扬州地方菜，选用优质土麻鸭、野鸭、菜鸽为三套，用传统加工工艺结合现代食品加工新技术，精选纯天然中草药，构成独特的全新复合配方精制而成。家鸭肥而香，野鸭肉紧、味香醇，鸽肉不仅味美，且能调精益气，三禽合食，汤汁清醇，滋味鲜美，营养价值很高。

## （一）工艺流程

原辅包装材料的验收→原辅包装材料的贮存→原料鸭解冻→清洗沥干→去骨→填料称重→焯沸成型→煮制→冷却→真空包装→杀菌→冷却→检验→外包装→成品入库

## （二）配方

1. **腌制料**　去骨鸭肉 50 千克，去骨野鸭肉 30 千克，去骨乳鸽 20 千克，花椒盐 3 千克，D-异抗坏血酸钠 0.15 千克。

2. **煮制料**　食用盐 2 千克，白砂糖 1 千克，味精 1 千克，料酒 1 千克，香葱 0.5 千克，生姜 0.5 千克，乙基麦芽酚 0.1 千克，山梨酸钾 0.007 5 千克。

3. **灌装填料**　冬笋 15 千克，水发冬菇 8 千克，熟火腿片 5 千克。

## （三）操作要点

1. **原辅包装材料的验收**　选择产品质量稳定的供应商，对新的供应商进行原料安全评价，向供应商索取每批原料的检疫证明、有效的生产许可证和检验合格证，对每批原料进行感官检查，对鲜（冻）鸭、食用盐、香辛料等原辅料及包装材料进行验收。质量应符合国家相关标准中的规定。

2. **原辅包装材料的贮存**　鲜（冻）鸭在 −18℃贮存条件下贮存，辅助材料和包装材料在干燥、避光、常温条件下贮存。

3. **原料鸭解冻**　去除外包装，入池加满自来水，用流动自来水进行解冻。依池容量大小确定解冻时间，夏季解冻时间为 1～2 小时，春秋季解冻时间为 3～4 小时，冬季解冻时间为 6～8 小时。

4. **清洗沥干**　解冻后沥干水分，放在不锈钢工作台上用刀逐只进行整理、清洗，去除明显脂肪和食管、气管、肺、肾、血伤等杂质。

5. 去骨

（1）将光鸭从刀口处把颈骨折断，在颈与翅膀相连处划一刀，划破鸭皮，抽出颈骨，用手翻开鸭皮，边翻边用刀割开，使骨肉分离，从上到下一直割到大腿末端，斩断骺骨，切去鸭尾脂腺，再将鸭皮翻回，恢复原状。

（2）将野鸭、乳鸽用上述方法整只去骨。洗干净，沥干水分。

6. **腌制**　鸭肉放在腌制桶里，加入辅料，反复搅拌均匀，腌制 2 小时取出冲洗沥干。

7. **灌装填料**　将鸽子从野鸭刀口处套入野鸭肚腹，用适量冬菇、竹笋、火腿肉填入野鸭肚腹内的空隙处，再将野鸭由鸽子刀口处套入土麻鸭腹内，并在鸭腹中填入少量冬菇、竹笋片、火腿片，将光鸭刀口合拢，便成为 1 个实整的三套鸭。

8. **焯沸成型**　用 100℃的开水，放入三套鸭，约 2～3 分钟形状收缩一致就可以出锅，再用自来水清洗干净。

9. **煮制**　按规定配方比例配制香辛料（重复使用 2 次，第一次腌制，第二次煮制）和辅料，添加 120 千克清水，调整为 2～3 波美度，待水温 100℃时放入原料，保持温度在 90～95℃，时间 20 分钟，即可捞出沥卤，然后把老汤重新烧开，冷却后用双层纱布过滤，用专用容器盛装并盖上桶盖，留待下次使用。

10. **冷却称重**　卤煮的产品摊放在不锈钢工作台上冷却（夏季用空调）。

11. **真空包装**　抽真空包装前先预热机器，调整好封口温度、真空度和封口时间，袋口用专用消毒的毛巾擦干（防止袋口有油渍）后封口，结束后逐袋检查封口是否完好，轻拿轻放摆放在杀菌专用周转筐中。

12. 杀菌

（1）**杀菌操作**　按压力容器操作要求和工艺规范进行，升温时必须保证有 3 分钟以上的排气时间，排净冷空气。

（2）**采用高温杀菌**　杀菌式：10 分钟—20 分钟—10 分钟（升温—恒温—降温）/121℃，反压冷却。

13. **冷却**　排净锅内水，剔除破包，出锅后应迅速转入流动自来水池中，强制冷却 1 小时左右，上架、平摊、沥干水分。

14. **检验**　检查杀菌记录表和冷却是否彻底凉透，送样到质检部门按国家相关标准要求进行检验。

15. **外包装**　按批次检验合格后下达检验报告单，打印批号同生产日期必须严格对应，打印的位置应统一，字迹清晰、牢固。

16. 成品入库 按规格要求定量装箱，外箱注明品名、生产日期，方可进入成品库。

# 十、快商卤鸭

快商卤鸭是小来大集团的特色产品之一，选用优质土麻鸭为原料，工艺精良，配方独特，用传统加工工艺结合现代食品加工新技术精制而成。产品色泽红润，有光泽，香甜可口，酥而不腻，鲜香味美。

## （一）工艺流程

原辅料的验收→原辅料的贮存→原料鸭解冻→清洗沥干→配料腌制→上色油炸→煮制→冷却称重→真空包装→杀菌→冷却→检验→外包装→成品入库

## （二）配方

1. 腌制料 全净膛土麻鸭 100 千克。

（1）香辛料 八角 0.1 千克，花椒 0.1 千克，白芷 0.05 千克，小茴香 0.05 千克，砂仁 0.05 千克，荜拨 0.05 千克，千里香 0.05 千克，草果 0.05 千克。

（2）辅料 食用盐 4 千克，D-异抗坏血酸钠 0.1 千克，亚硝酸钠 0.015 千克。

2. 煮制料 白砂糖 5 千克，酱油 5 千克，食用盐 1 千克，味精 1 千克，白酒 0.5 千克，生姜 0.5 千克，香葱 0.5 千克，樱叶 0.3 千克，乙基麦芽酚 0.1 千克，鸭肉香精 0.1 千克，山梨酸钾 0.007 5 千克。

3. 上色料 饴糖 5 千克，大红浙醋 2.5 千克。

## （三）操作要点

1. 原辅料的验收 向供应商索取检疫证明、生产许可证和检验合格证，对原辅料进行验收。

2. 原辅料的贮存 原料在 -18℃ 贮存条件下贮存。辅料在干燥、避光、常温条件下贮存。

3. 原料鸭解冻 用流动自来水进行解冻，夏季解冻时间为 1～2 小时，春、秋季解冻时间为 3～4 小时，冬季解冻时间为 6～8 小时。

4. 清洗沥干　解冻后沥干水分，用刀逐只进行整理清洗，去除明显脂肪和食管、气管、肺、肾、血伤等杂质。

5. 配料腌制　按原料计算所需的各自不同的配方，用天平和电子秤配制香辛料和调味料（香辛料用文火煮 30～60 分钟），60 千克清水中加入上述香辛料水和辅料混合均匀，放入鸭腌制 24 小时，中途每 6 小时翻动一次，使料液浸透鸭体。

6. 上色油炸　上色料加清水 7.5 千克搅拌均匀，把沥干水分的鸭在料液中浸一下，挂起风干 1～2 小时，油锅（油水分离油炸机）温度上升到 170℃ 时，鸭在里面微炸 1～2 分钟，外表色泽呈均匀一致的红褐色时起锅沥油。

7. 煮制　按规定配方比例配制香辛料（重复使用 2 次，第一次腌制，第二次煮制）和辅料，添加 120 千克清水，调整为 2～3 波美度，待水温 100℃ 时放入原料，保持温度在 90～95℃，时间 20 分钟，即可捞出沥卤，然后把老汤重新烧开，冷却后用双层纱布过滤，用专用容器盛装并盖上桶盖，留待下次使用。

8. 冷却称重　卤煮的产品摊放在不锈钢工作台上冷却（夏季用空调），修剪掉明显的骨刺，按不同规格要求准确称重。

9. 真空包装　真空前先预热机器，调整好封口温度、真空度和封口时间，袋口用专用消毒的毛巾擦干（防止袋口有油渍）后封口，结束后逐袋检查封口是否完好，轻拿轻放摆放在杀菌专用周转筐中。

10. 高温杀菌　杀菌式：10 分钟—20 分钟—10 分钟（升温—恒温—降温）/121℃，反压冷却。

11. 冷却　排净锅内水，剔除破包，出锅后应迅速转入流动自来水池中，强制冷却 1 小时左右，上架、平摊、沥干水分。

12. 检验　检查杀菌记录表和冷却是否彻底凉透，送样到质检部门按国家相关标准要求进行检验。

13. 外包装　按批次检验合格后下达检验报告单，打印批号同生产日期必须严格对应，打印的位置应统一，字迹清晰、牢固。

14. 成品入库　按规格要求定量装箱，外箱注明品名、生产日期，方可进入成品库。

# 十一、酱鸭肴肉

选用优质鲜冻鸭脯肉为原料，采用传统加工工艺结合现代食品加工新技术精制而成。产品色泽红白分明，晶莹透亮，酥香味美，肉质紧密，肥而不腻、回味悠长。

## （一）工艺操作流程

原辅料验收→原辅料贮存→原料解冻→清洗沥干→配料腌制→煮制→压模→真空包装→检验→成品入库

## （二）配方

1. **腌制料**　鸭胸脯肉100千克，花椒盐5千克，D-抗坏血酸钠0.15千克，亚硝酸钠0.015千克。

2. **煮制料**　食用盐2千克，酱肉2千克，白砂糖1千克，味精0.5千克，生姜0.5千克，香葱0.5千克，白酒0.5千克，双乙酸钠0.3千克，乙基麦芽酚0.1千克，乳酸链球菌素0.05千克，山梨酸钾0.0075千克。

3. **灌装料**　卤液（煮制老卤）20千克，食用明胶5千克。

## （三）操作要点

1. **原辅料的验收**　向供应商索取检疫证明、生产许可证和检验合格证，对原辅料进行验收。

2. **原辅的贮存**　原料在-18℃贮存条件下贮存。辅料在干燥、避光、常温条件下贮存。

3. **原料解冻**　用流动自来水进行解冻，夏季解冻时间为1~2小时，春、秋季解冻时间为3~4小时，冬季解冻时间为6~8小时。

4. **清洗沥干**　解冻后放在不锈钢工作台上，进行整理去除杂质。

5. **配料腌制**　用天平和电子秤准确称重，花椒盐、D-异抗坏血酸钠、亚硝酸钠混合均匀撒在鸭脯上，反复上下翻动数次，辅料全部溶解，放入腌制盆中浸渍12小时左右。

6. **煮制**　锅内加入120千克清水，烧沸后放入原辅料，用文火煮制2小时，待鸭脯肉熟化时取出。

7. **压模**　按不同的规格要求进行称重，装模容器中放入2/3的熟鸭脯肉，再投入1/3的灌装卤，用模具盖压紧，进入0~4℃的冷藏库中12小时定型，然后再脱模。

8. **切块称重**　按不同包装的要求进行切块、称重、包装。

9. **真空包装**　抽真空前先预热机器，调整好封口温度、真空度和封口时间，袋口用专用消毒的毛巾擦干（防止袋口有油渍）后封口，结束后逐袋检查封口是否完好，轻拿轻放摆放在杀菌专用周转筐中。

10. 检验　检查杀菌记录表和冷却是否彻底凉透，送样到质检部门按国家相关标准要求进行检验。

11. 成品入库　按规格要求定量装箱，外箱注明品名、生产日期，方可进入成品库。

## 十二、双色酱鸭脯

选用优质鲜冻带皮鸭脯肉为原料，用传统加工工艺和现代食品科学加工新技术精制而成，产品具有色泽美观、红白分明、香酥爽口、鲜香微辣、回味浓郁的特点。

### （一）工艺流程

验收→贮存→解冻→清洗沥干→配料腌制→烘干→蒸制→杀菌→冷却→检验→外包装→成品入库

### （二）配方

1. 腌制料　带皮鸭脯 100 千克，酱油 12 千克，白砂糖 5 千克，味精 1 千克，白酒 0.5 千克，D-异抗坏血酸钠 0.1 千克，乙基麦芽酚 0.1 千克，红曲红 0.02 千克，亚硝酸钠 0.015 千克，山梨酸钾 0.007 5 千克。

2. 蒸制料　生姜 0.5 千克，香葱 0.5 千克，芝麻油 0.25 千克。

### （三）操作要点

1. 验收　向供应商索取检疫证明、生产许可证和检验合格证，对原辅料进行验收。

2. 贮存　原料在 -18℃贮存条件下贮存。辅料在干燥、避光、常温条件下贮存。

3. 原料解冻　用流动自来水进行解冻，夏季解冻时间为 1~2 小时，春、秋季解冻时间为 3~4 小时，冬季解冻时间为 6~8 小时。

4. 清洗沥干　解冻后放在不锈钢工作台上进行整理，去除杂质等。

5. 配料腌制　用天平和电子秤按配方比例配制不同的辅料，腌制料搅拌均匀，原料放入腌制缸中，撒上辅料反复搅匀，腌制 15 小时左右，中途翻动 2 次。

6. 烘干　用专用不锈钢筛网平摊鸭脯，进入 55～60℃的烘房内烘制 15 小时左右，中途翻动 2 次。

7. 蒸制　把烘干的鸭脯放入不锈钢车上，撒上蒸制料，进行 10 分钟左右蒸制，取出冷却。

8. 杀菌

(1) 杀菌操作　按压力容器操作要求和工艺规范进行，升温时必须保证有 3 分钟以上的排气时间，排净冷空气。

(2) 采用高温杀菌　杀菌式：10 分钟—20 分钟—10 分钟（升温—恒温—降温）/121℃，反压冷却。

9. 冷却　卤煮的产品摊放在不锈钢工作台上冷却（夏季用空调）。

10. 检验　检查杀菌记录表和冷却是否彻底凉透，送样到质检部门按国家相关标准要求进行检验。

11. 外包装　按批次检验合格后下达检验报告单，打印批号同生产日期必须严格对应，打印的位置应统一，字迹清晰、牢固。

12. 成品入库　按规格要求定量装箱，外箱注明品名、生产日期，方可进入成品库。

# 十三、荷包拆骨鸭

选用优质瘦肉型白鸭为原料，工艺精良，配方独特，产品具有荷叶清香、鲜香味美、咸淡适中、口感细腻、风味独特。

## （一）工艺流程

原料解冻→清洗沥干→拆骨整形→配料腌制→煮制→冷却称重→真空包装→杀菌→冷却→检验→外包装→成品入库

## （二）配方

1. 腌制料　去骨鸭肉 100 千克，花椒盐 3 千克，D-异抗坏血酸钠 0.1 千克，亚硝酸钠 0.015 千克。

2. 煮制料　酱油 5 千克，白砂糖 3 千克，食用盐 2 千克，味精 0.3 千克，白酒 0.5 千克，生姜 0.5 千克，香葱 0.5 千克，乙基麦芽酚 0.1 千克，红曲红 0.02 千克，山梨酸钾 0.007 5 千克。

3. 填充配料　鲜荷叶 5 千克，香菇 1 千克，熟火腿肉 1 千克。

### （三）操作要点

1. **原料鸭解冻**　选择1千克重的白条鸭为原料，去除外包装，入池加满自来水，用流动自来水进行解冻。依池容量大小确定解冻时间，夏季解冻时间为1～2小时，春、秋季解冻时间为3～4小时，冬季解冻时间为6～8小时。

2. **清洗沥干**　解冻后沥干水分，放在不锈钢工作台上用刀逐只进行整理、清洗，去除明显脂肪和食管、气管、肺、肾、血伤等杂质。

3. **拆骨整形**　将光鸭从刀口处把颈骨折断，在颈与翅膀相连处划一刀，划破鸭皮，抽出颈骨，用手翻开鸭皮，边翻边用刀割开，使骨肉分离，从上到下一直割到大腿末端，斩断髋骨，切去鸭尾脂腺，再将鸭皮翻回，恢复原状。

4. **配料腌制**　花椒盐、D-异抗坏血酸钠、亚硝酸钠混合后撒在鸭肉中搅拌均匀，等辅料全部溶解为止，腌制2小时出缸，清洗待用。

5. **煮制**　用120千克清水放入辅料烧沸后投入鸭肉，文火煮制15分钟左右，起锅冷却。

6. **冷却称重**　按不同规格要求定量称重，把荷叶平摊在工作台上，鸭体腹内放入香菇0.05千克、熟火腿肉片0.05千克。卷好荷叶进行包装。

7. **真空包装**　真空前先预热机器，调整好封口温度、真空度和封口时间，袋口用专用消毒的毛巾擦干（防止袋口有油渍）后封口，结束后逐袋检查封口是否完好，轻拿轻放摆放在杀菌专用周转筐中。

8. **杀菌**

（1）**杀菌操作**　按压力容器操作要求和工艺规范进行，升温时必须保证3分钟以上的排气时间，排净冷空气。

（2）**采用高温杀菌**　杀菌式：10分钟—20分钟—10分钟（升温—恒温—降温）/121℃，反压冷却。

9. **冷却**　排净锅内水，剔除破包，出锅后应迅速转入流动自来水池中，强制冷却1小时左右，上架、平摊、沥干水分。

10. **检验**　检查杀菌记录表和冷却是否彻底凉透，送样到质检部门按国家相关标准要求进行检验。

11. **外包装**　按批次检验合格后下达检验报告单，打印批号同生产日期必须严格对应，打印的位置应统一，字迹清晰、牢固。

12. **成品入库**　按规格要求定量装箱，外箱注明品名、生产日期，方可进入成品库。

## 十四、什锦布袋鸭

选用优质土麻鸭为原料，用传统加工工艺结合现代食品加工新技术精制而成，赋予产品色泽淡雅、外形美观、香味浓郁、鲜嫩味美、食而不腻、回味悠长等特点。

### （一）工艺流程

原辅选择→解冻→清洗沥干→拆骨→配料腌制→灌装整形→蒸制→冷却称重→真空包装→杀菌→冷却→检验→外包装→成品入库

### （二）配方

1. **腌制料**　无骨鸭肉 100 千克，花椒盐 2 千克，D-异抗坏血酸钠 0.1 千克，亚硝酸钠 0.015 千克。

2. **灌装填料**　猪肉 10 千克，鲜竹叶 5 千克，血糯米 5 千克，水发莲子 3 千克，香菇 1 千克，红枣 1 千克，桂圆肉 0.5 千克，色拉油 0.5 千克，黄酒 0.5 千克，白砂糖 0.5 千克，食用盐 0.5 千克，味精 0.1 千克，生姜粒 0.1 千克，葱 0.05 千克，胡椒粉 0.05 千克。

### （三）操作要点

1. **原料选择**　选择经兽医检验合格的麻鸭为原料。

2. **解冻**　去除外包装，入池加满自来水，用流动自来水进行解冻。依池容量大小确定解冻时间，夏季解冻时间为 1～2 小时，春、秋季解冻时间为 3～4 小时，冬季解冻时间为 6～8 小时。

3. **清洗沥干**　整理后除去小毛和杂质，用流动水冲洗干净，沥干水分。

4. **拆骨**　将光鸭从刀口处把颈骨折断，在颈与翅膀相连处划一刀，划破鸭皮，抽出颈骨，用手翻开鸭皮，边翻边用刀割开，使骨肉分离，从上到下一直割到大腿末端，斩断骱骨，切去鸭尾脂腺，再将鸭皮翻回，恢复原状。

5. **配料腌制**　花椒盐、D-异抗坏血酸钠、亚硝酸钠混合后撒在鸭肉中搅拌均匀，等辅料全部溶解为止，腌制 2 小时出缸，清洗待用。

6. **灌装整形**　将猪肉预煮烧热切丁，血糯米饭蒸熟，放入水发莲子、水发香菇、水发红枣、桂圆肉等调味料搅拌均匀，按规格要求定量灌装到无骨鸭腹内，颈部开口处用细绳扎好。

7. 蒸制　将什锦酿鸭放入蒸笼屉里，用中火蒸 2 小时左右（蒸到软烂程度）。

8. 冷却称重　按不同规定要求定量称重，把鲜竹叶平摊在工作台上，鸭体卷好竹叶，整形后放入包装袋中。

9. 真空包装　抽真空前先预热机器，调整好封口温度、真空度和封口时间，袋口用专用消毒的毛巾擦干（防止袋口有油渍）后封口，结束后逐袋检查封口是否完好，轻拿轻放摆放在杀菌专用周转筐中。

10. 杀菌

（1）杀菌操作　按压力容器操作要求和工艺规范进行，升温时必须保证有 3 分钟以上的排气时间，排净冷空气。

（2）采用高温杀菌　杀菌式：10 分钟—20 分钟—10 分钟（升温—恒温—降温）/121℃，反压冷却。

11. 冷却　排净锅内水，剔除破包，出锅后应迅速转入流动自来水池中，强制冷却 1 小时左右，上架、平摊、沥干水分。

12. 检验　检查杀菌记录表和冷却是否彻底凉透，送样到质检部门按国家相关标准要求进行检验。

13. 外包装　按批次检验合格后下达检验报告单，打印批号同生产日期必须严格对应，打印的位置应统一，字迹清晰、牢固。

14. 成品入库　按规格要求定量装箱，外箱注明品名、生产日期，方可进入成品库。

# 十五、蜜汁鸭肥肝

产品选用优质肥鸭肝为原料，用传统加工工艺结合现代食品加工新技术，精选纯天然中成药，构成独特的全新复合配方，赋予产品色泽美、滋味鲜、芳香纯正、香酥味美、口感鲜嫩、回味醇香等特点。

## （一）工艺流程

原料肝选择→解冻→清洗沥干→焯沸→煮制→浸泡→沥卤→冷却称重→真空包装→微波杀菌→冷却→沥干→检验→成品入库

## （二）配方

1. 煮制卤　鸭肝 100 千克，食用盐 4 千克，白砂糖 3 千克，白酒 0.5 千克，生姜 0.5 千克，大葱 0.5 千克，味精 0.5 千克，葡萄糖内酯 0.15 千克，复合磷酸盐 0.3 千克。

2. 浸泡料　食用盐 4 千克，冰糖 4 千克，麦芽糖 2 千克，味精 0.5 千克，生姜汁 0.5 千克，白酒 0.5 千克，牛肉浸膏 3 千克，猪肉浸膏 3 千克，鸡肉浸膏 2 千克，β-环状糊精 0.5 千克，双乙酸钠 0.3 千克，乳酸链球菌素 0.05 千克，山梨酸钾 0.007 5 千克。

### （三）操作要点

1. 原料肝选择　选择经兽医检验合格的鲜（冻）鸭肝为原料。

2. 解冻　去除外包装，入池加满自来水，用流动自来水进行解冻。

3. 清洗沥干　去除杂质，用流动水浸泡 1 小时，沥干水分。

4. 焯沸　用 100℃ 沸水，把鸭肝放入锅内不停搅动，使肝受热均匀 3～5 分钟，取出浸泡在流动自来水中，冷却 15 分钟左右。

5. 煮制　用天平和电子秤按比例配制辅料，放入 120 千克水中，加温至 95℃ 时投入鸭肝，保持水温在 85℃，时间 45 分钟，中途每 5 分钟上下提取一次，使鸭肝在卤液中保持里外温度一致。

6. 浸泡　用天平和电子秤配制所需的辅料和食品添加剂，搅拌均匀后放入 100 千克开水中，搅拌均匀，放在 0～4℃ 冷藏库中冷却。把煮熟的鸭肝在卤液中浸泡 3 小时左右。

7. 沥卤称重　用不锈钢周转箱把浸泡后的鸭肝沥卤 30 分钟左右，取出按不同规格要求进行称重、包装。

8. 真空包装　抽真空前先预热机器，调整好封口温度、真空度和封口时间，袋口用专用消毒的毛巾擦干（防止袋口有油渍）后封口，结束后逐袋检查封口是否完好，轻拿轻放摆放在杀菌专用周转筐中。

9. 微波杀菌　杀菌采用微波杀菌法，打开微波电源盒按钮，让设备自行运转，物料平放在进料平台上，不能重叠，同时调整好温度和加热时间，转速 600 转/分，中心温度 85～90℃ 为宜，稍后用 85℃ 水浴 20 分钟，出来用流动自来水冷却 60 分钟，沥干水分，晾干。

10. 检验　检查杀菌记录表和冷却是否彻底凉透，送样到质检部门按国家相关标准要求进行检验。

11. 外包装　按批次检验合格后下达检验报告单，打印批号同生产日期必须严格对应，打印的位置应统一，字迹清晰、牢固。

12. 成品入库　按规格要求定量装箱，外箱注明品名、生产日期，方可进入成品库。

## 十六、酱汁鸭翅

选用优质鲜冻鸭翅为原料，用传统加工工艺精制而成，产品具有色泽美观、酱香味浓、口感细腻、风味独特等特点。

### （一）工艺流程

原料选择→解冻→清洗沥干→配料腌制→煮制→冷却称重→真空包装→杀菌→冷却→检验→外包装→成品入库

### （二）配方

1. 腌制料　鸭翅 100 千克，食用盐 3 千克，D-异抗坏血酸钠 0.1 千克，亚硝酸钠 0.015 千克。

2. 煮制料

（1）香辛料　八角 0.1 千克，花椒 0.03 千克，肉果 0.05 千克，白芷 0.05 千克，千里香 0.03 千克，香叶 0.03 千克，砂仁 0.03 千克，良姜 0.03 千克。

（2）辅料　白砂糖 5 千克，酱油 4 千克，食用盐 1.5 千克，味精 0.5 千克，白酒 0.5 千克，生姜 0.5 千克，香葱 0.5 千克，乙基麦芽酚 0.1 千克，山梨酸钾 0.075 千克。

### （三）操作要点

1. 原料选择　选用经检验合格的优质大鸭的鸭翅为原料。

2. 原料鸭翅解冻　去除外包装，入池加满自来水，用流动自来水进行解冻。

3. 清洗沥干　解冻后沥干水分，放在不锈钢工作台上用刀逐只进行整理、清洗，去除明显的杂质。

4. 配料腌制　用天平和电子秤按配方要求配制各种辅料，混合均匀后撒在鸭翅上，反复搅拌，腌制 2 小时出料。

5. 煮制　按规定配方比例配制香辛料（重复使用 2 次，第一次腌制，第二次煮制）和辅料，添加 120 千克清水，调整为 2~3 波美度，待水温 100℃时放入原料，保持温度在 90~95℃，时间 20 分钟，即可捞出沥卤，然后把老汤重新烧开,冷却后用双层纱布过滤,用专用容器盛装并盖上桶盖,留待下次使用。

6. 冷却称重　卤煮的产品摊放在不锈钢工作台上进行冷却(夏季用空调),修剪掉明显的骨刺。

7. 真空包装　抽真空前先预热机器,调整好封口温度、真空度和封口时间,袋口用专用消毒的毛巾擦干(防止袋口有油渍)后进行封口,结束后逐袋检查封口是否完好,轻拿轻放摆放在杀菌专用周转筐中。

8. 杀菌

(1)杀菌操作　按压力容器操作要求和工艺规范进行,升温时必须保证有3分钟以上的排气时间,排净冷空气。

(2)采用高温杀菌　杀菌式:10分钟—20分钟—10分钟(升温—恒温—降温)/121℃,反压冷却。

9. 冷却　排净锅内水,剔除破包,出锅后应迅速转入流动自来水池中,强制冷却1小时左右,上架、平摊、沥干水分。

10. 检验　检查杀菌记录表和冷却是否彻底凉透,送样到质检部门按熟肉制品标准进行微生物检验。

11. 外包装　按批次检验合格后下达检验报告单,打印批号同生产日期必须严格对应,打印的位置应统一,字迹清晰、牢固。

12. 成品入库　按规格要求定量装箱,外箱注明品名、生产日期,方可进入成品库。

# 十七、醉香鸭肠

选择优质鲜冻鸭肠为原料,产品色泽淡黄、香脆有韧性、香辣醇香、美味可口,依个人口味配以各种调味料,其色、香、味更佳。

## (一)工艺流程

原料解冻→清洗沥干→煮制→浸泡→沥卤称重→真空包装→检验→成品入库

## (二)配方

熟鸭肠 100 千克,小米辣椒 10 千克,白醋 5 千克,食用盐 4 千克,白砂糖 1 千克,白酒 1 千克,味精 1 千克,双乙酸钠 0.3 千克,脱氢乙酸钠 0.05

千克，乳酸链球菌素 0.05 千克。

### （三）操作要点

1. 原料解冻　去除外包装，入池加满自来水，用流动自来水进行解冻。

2. 清洗沥干　清洗去除杂质，用 1% 的食用盐、0.1% 的白醋反复搅拌，然后用 40℃ 的温水冲洗两遍。

3. 煮制　在 100℃ 的沸水中浸泡 2～3 分钟取出，放入泡制卤中。

4. 浸泡　用 80 千克冷开水依次放入辅料。食用盐、小米辣椒、白醋、白砂糖、白酒、味精及食品添加剂（双乙酸钠、脱氢乙酸钠、乳酸链球菌素）搅拌均匀，放入煮制后的熟鸭肠，浸泡 6 小时左右。

5. 沥卤称重　从浸泡卤中取出鸭肠，沥干卤汁，倒入不锈钢盘中，按不同规格要求进行包装。

6. 真空包装　抽真空前先预热机器，调整好封口温度、真空度和封口时间，袋口用专用消毒的毛巾擦干（防止袋口有油渍）后进行封口，结束后逐袋检查封口是否完好，轻拿轻放摆放在杀菌专用周转筐中。

7. 检验　检查杀菌记录表和冷却是否彻底凉透，送样到质检部门按国家相关标准要求进行检验。

8. 成品入库　按规格要求定量装箱，外箱注明品名、生产日期，方可进入成品库。

# 第三节　熏烧烤制品加工

## 一、北京烤鸭

北京烤鸭历史悠久，在国内外享有盛名，是我国著名特产。北京最早的烤鸭店创设于明代嘉靖年间，叫"便宜坊"饭店，距今有四百多年历史。到 1926 年，以便宜坊为名的烤鸭店已达九家之多。新中国成立后，烤鸭店得到了扩建和增设，烤鸭质量也有新的提高。北京烤鸭的特点是外脆内嫩，肉质鲜酥，肥而不腻，食之吊人脾胃，令人叫绝。

### （一）工艺流程

原料选择→宰杀→煺毛→充气→净膛→清洗→烫坯→上糖色→晾坯→烤制→出炉

### （二）加工工艺要点及要求

1. **选鸭**　制作北京烤鸭的原料必须是经过填肥健康的北京填鸭或樱桃谷鸭，以饲养 50～55 天、活重在 2.8 千克以上的鸭最为适宜。填鸭的皮下需蓄有脂肪，肌肉与脂肪层交错，这是用作烤鸭的上品。

2. **宰杀、煺毛**

（1）**宰鸭**　使鸭倒挂，用刀在鸭脖颈处切一小口，如黄豆粒大小，以切断气为准。随即用右手提捏住鸭嘴，把脖颈拉成斜直，血滴尽，待鸭子停止抖动，便可下锅烫毛。

（2）**烫毛**　水温达 70℃ 时将鸭子放入锅内，75℃ 出锅。下锅后左手拉动鸭掌，使鸭子在锅内浮动，右手用一木棍随时拨动鸭体，以便鸭毛尽快透水，直至透水均匀为止，达到头部的鸭毛轻轻一推即可煺掉时，说明烫毛适宜。

（3）**煺毛**　鸭毛烫好后，趁热开始煺毛，先煺脖颈毛，再煺背部毛，抓下裆，揪尾尖。用流动自来水冲洗干净并去净小毛等杂质。

3. **制坯**

（1）**剥离**　在制坯过程中，首先捏住颈的刀口部位，将颈皮向上翻转，使食道露出，沿着食向嗉囊（食道膨大部分），剥离食道周围的结缔组织直至颈底（不要拉断）。然后再把脖颈伸直，以便打气。

（2）**打气**　用手紧握鸭颈部刀口的位置，把打气嘴插入皮肤与肌肉之间，向鸭体充气，这时气体就可充满皮下脂肪和结缔组织之间，当气体充到八分满时，取下气筒，用手卡住鸭颈部，严防漏气，用左手握住鸭的右翅根部，右手拿住鸭的右腿，使鸭呈倒卧姿势，鸭脯向外，两手用力挤压，使充气均匀，如果打气过猛、过大，就会造成胸脯破裂、跑气，气体就保存不住。相反，如果充气太少不够量，造成鸭体外型不美。

（3）**拉直肠**　打气以后，在操作过程中，一直要尽量保持鸭体膨大的外形，拉断直肠的方法是以右手食指插入肛门，将直肠穿破，食指略向下弯即将直肠拉断，并将肠头取出体外。拉断直肠的主要作用是便于掏膛时容易将消化道取出。

（4）**切口掏膛**　切口的位置是在右翅下体侧线，距背侧 1～1.5 厘米的地方。切口呈上月牙形，长为 4 厘米左右。切后即可进行掏膛，取出内脏，要保持脏器完整，速度要快，避免污染切口。

（5）**支撑**　右手拿秫秸撑，长 7～8 厘米，由刀口送入膛内，撑的下端放在柱上，呈立式，但后倾斜，一定要放稳，支撑的目的是支住胸腔，使鸭体造型美观。

（6）洗膛和挂钩　洗膛的目的是洗去胸腹腔内的污水，以保证鸭坯的质量，水温在4～8℃洗净为止。

鸭坯挂钩：在距离胸脯上端4～5厘米的颈椎骨右侧下钩，钩尖从左侧颈椎骨上突出，使鸭钩斜穿颈上，即可将鸭坯挂稳固。

（7）烫皮和挂糖色　用100℃的沸水，第一勺水先烫刀口处的侧面，首先使刀口的表层及四周皮肤紧缩，严防从刀口跑气，之后再淋浇其他部位。一般情况下3勺水即可使鸭坯烫好。待鸭坯皮层的毛孔紧缩，表皮绷紧，说明皮已烫好。

烫皮的作用有三点：一是使表皮毛孔紧缩，烤制时可以减少从毛孔中流出溶化的皮下脂肪；二是使鸭坯表皮的蛋白质凝固，皮层可加强变厚，烤制后鸭皮层具有酥脆的特点；三能使打在皮层下的气体尽量膨胀，表皮显出光亮，使"北京烤鸭"的造型更加美观。

浇糖色的目的一是能使烤鸭经过烤制后全身呈枣红色，使产品美观。二是能增强烤制后表皮的酥脆性，适口不腻。其浇挂糖色的方法与烫皮基本相同。糖色是麦芽糖1份、水6份溶解后在锅内煮成棕红色即可。

（8）晾皮　晾皮是将烫皮挂色的鸭坯，放在阴凉处，通风条件良好，使肌肉及皮层的水分逐渐蒸发，使表皮与皮下组织紧密结合在一起，皮层变厚并使鸭坯干燥，经过烤制后可增加鸭皮的厚度。

### 4. 挂炉烤制

（1）灌汤和打色　制好的鸭坯在进炉之前，向腔内注入100℃的汤水，其目的是使注入腔内的热汤遇到炉内的高温急剧气化，强烈地蒸煮腔内的肌肉和脂肪，促进快熟，"外烤里蒸"以达到烤鸭具有外焦里嫩的特色，这是北京烤鸭的特点。灌汤的方法：用长6～8厘米的高粱秸插入鸭坯的肛门，以防灌入的汤水外流，然后从右翅刀口处灌入100℃的汤水80～100毫升。灌好后再向鸭坯表皮浇淋2～3勺糖液，目的是弥补第一次挂糖色不均匀的部位。

（2）烤制　烤制分传统炭火烤制和远红外电烤炉烤制。

①传统炭火烤制　鸭子进炉后，先挂在炉膛的前梁上，先烤刀口的这一边，促进腔膛内汤水汽化，使其快熟。当鸭坯右背侧呈橘黄色时，再转动鸭体，使左侧后背向火，直到两侧颜色相同为止，然后鸭坯用烤鸭杆挑起在火上反复熏烤几次，目的使腿及下肢着色。大约烤5～8分钟，再左右侧烤，使全

身呈现橘黄色，便可送至炉的后梁，这时鸭坯背向红火，经 10～15 分钟即可出炉。

②远红外电烤炉　先将烤炉升温至 180～200℃，再把鸭坯送进炉内烤制 20～30 分钟，以烤熟鸭子，然后将温度调至 230～250℃，继续烤 5～10 分钟，当鸭子全身呈枣红色即可出炉。

烤鸭是否烤好关键是掌握炉温和烤制时间。正常的炉内温度应在 230～250℃，如温度过高烤鸭烧焦变黑，炉温过低会造成鸭皮收缩，胸脯塌陷。烤制时间是以鸭子是否烤熟和外观颜色为标准。当全身呈枣红色，从皮内层向外渗透油滴，说明烤鸭已烤熟，另一个重要特征是鸭体变轻，一般鸭坯在烤制过程中失重为 0.5 千克左右，以此鉴定烤定的熟透程度。掌握合适的烤制时间很重要，一般 1.5～2 千克的鸭坯，在炉内需烤制 30～50 分钟，时间过长，火头过大，皮下脂肪流失过多，使皮下造成空洞，皮薄如纸，失去了烤鸭的脆嫩独特风味。母鸭肥度高，烤制时间较公鸭长。

烤成后的鸭体甚为美观。表皮和皮下结缔组织以及脂肪混为一体，皮层变厚，在高温作用下，一部分脂肪渗出皮外，把皮层炸脆，使成焦黄色，散发诱人的香味。

5. 保存　烤鸭最好是随制随食。在冬季室温 10℃时，不用特殊设备，可保存一星期。如有冷冻设备，可保藏略久，不致变质。吃前只要回炉短时间烤制，仍能保持原有风味。

6. 切片　成品的刀工也是一项重要手艺。片削鸭肉，第一刀先把前胸脯取下，切成丁香叶大小的肉片。随后再取右上脯和左上脯，各四五刀，然后掀开锁骨，用刀尖顺着中线，靠胸骨右边剔一刀，使骨肉分离，便可从右侧的上半部顺序往下片削，直到腿肉和尾部。左侧的工序和右侧相同。切削的要求是手要灵活，刀要斜坡，做到片薄、大小均匀、皮肉不分离、片片带皮。一般中等烤鸭每只可切为 100～200 片。

## 二、小来大熏鸭

小来大熏鸭是杭州小来大集团在酱鸭基础上研制生产的著名特色品种之一，产品呈金黄色，有光泽、鲜香细嫩，熏香浓郁、美味可口、风味独特。

### (一) 工艺流程

原辅包装材料的验收→原辅包装材料的贮存→原料解冻→清洗整理→配料

腌制→整形挂架→烘干熏制→检验→成品

## （二）配方

瘦肉型优质樱桃谷鸭 100 千克，精盐 3 千克，白砂糖 1 千克，白酒 0.5 千克，味精 0.5 千克，五香粉 0.05 千克，乙基麦芽酚 0.1 千克，D-异抗坏血酸钠 0.15 千克，亚硝酸钠 0.015 千克。

## （三）操作要点

1. 原辅包装材料的验收　选择产品质量稳定的供应商，对新的供应商应进行安全评价，向供应商索取每批原料的检疫证明、有效的营业执照、生产许可证和检验合格证。对每批原料进行感官检查，对鲜（冻）鸭、精盐、白砂糖、白酒、味精、食品添加剂（D-异抗坏血酸钠、乙基麦芽酚、亚硝酸钠）、食用香料等原、辅包装材料进行验收，质量应符合国家规定的要求。

2. 原、辅包装材料的贮存　鲜（冻）鸭在－18℃贮存条件下贮存，贮存期不超过 6 个月。辅助材料和包装材料在干燥、避光、常温条件下贮存。

3. 原料解冻　原料用流动水在常温条件下解冻，解冻后在 20℃条件下存放不超过 2 小时。

4. 清洗整理　修割尾脂腺，去除明显小绒毛和腹腔内残留的气管、食管、肺、肾脏等杂质，用流动水冲洗干净，逐只挂在流水线上，沥干水分。

5. 配料腌制

（1）按配方规定的要求用天平和电子秤配制调味料及食品添加剂。

（2）沥干后的原料鸭进入到 0～4℃腌制间里预冷 1 小时左右，待鸭体温度达 8℃以下，再放入不锈钢腌制桶里，投入搅拌均匀的辅料进行反复搅拌，使辅料全部溶解，每隔 6 小时翻动一次，腌制 72 小时出料。

6. 整形挂架　在工作台上把每只鸭胸脯部位用手掌压平，两腿关节脱离，用不锈钢挂钩钩住胸部锁骨处，排列在不锈钢架车上。

7. 烘干、熏制　用 55～60℃温度烘 12 小时，在进入烟熏烘房 2～3 小时熏制，在常温下自然冷却后即为成品。

8. 检验

（1）感官　表面干爽、呈金黄色，有光泽，无异味，具有该品种固有熏香味。

（2）理化　按产品标准进行检测，合格后方可出厂。

# 三、快商烤鸭

快商烤鸭是小来大集团研制的风味独特系列烤鸭之一，产品色泽红润、有光泽、鲜嫩味美、香味浓郁、肥而不腻、老少皆宜，深受广大消费者的青睐。

## （一）工艺流程

原辅包装材料的验收→原辅包装材料的贮存→原料解冻→清洗整理→配料腌制→烫皮挂吹→烤制→检验→成品

## （二）配方

1. 主原料　瘦肉型优质樱桃谷鸭 100 千克。

2. 香辛料　八角 0.1 千克，花椒 0.08 千克，肉果 0.08 千克，草果 0.08 千克，荜拨 0.06 千克，千里香 0.05 千克，白芷 0.05 千克，良姜 0.05 千克。

3. 调味料　精盐 3 千克，白砂糖 1 千克，无色酱油 1 千克，味精 0.5 千克，乙基麦芽酚 0.15 千克。

4. 上色涂料　饴糖 4 千克，大红浙醋 2 千克，冷开水 6 千克。

## （三）操作要点

1. 原辅包装材料的验收　选择产品质量稳定的供应商，对新的供应商应进行安全评价，向供应商索取每批原料的检疫证明、有效的营业执照、生产许可证和检验合格证。对每批原料进行感官检查，对鲜（冻）鸭、精盐、白砂糖、白酒、味精、食品添加剂（乙基麦芽酚）、食用香料等原、辅包装材料进行验收，质量应符合国家规定的要求。

2. 原辅包装材料的贮存　鲜（冻）鸭在 -18℃贮存条件下贮存，贮存期不超过 6 个月。辅助材料和包装材料在干燥、避光、常温条件下贮存。

3. 原料解冻　原料用流动水在常温条件下进行解冻，解冻后在 20℃条件下存放不超过 2 小时。

4. 清洗整理　修割尾脂腺，去除明显小绒毛和腹腔内残留的气管、食管、肺、肾脏等杂质，用流动水冲洗干净，逐只挂在流水线上，沥干水分。

5. 配料腌制

（1）按配方规定的要求用天平和电子秤配制各种调味料、上色涂料及食品添加剂。

(2) 沥干后的原料鸭进入到 0～4℃腌制间里预冷 1 小时左右，待鸭胴体温度达 8℃以下备用。

(3) 香辛料放入 5 千克清水中煮制 30 分钟后冷却备用。

(4) 于不锈钢腌制桶放入原料鸭、辅料、香料水，混合均匀、反复搅拌，使辅料全部溶解，腌制 12 小时，中途翻动一次，出料或进入－18℃冷库中存放，烘烤时取出解冻。

6. 整形　用不锈钢挂钩勾住鸭翅下面骨头处，鸭头、鸭脖缠绕在不锈钢挂钩上面或穿在鸭肚子里面（这样鸭头颈部不易变焦黑色）。

7. 烫皮、挂吹　饴糖、大红浙醋、冷开水按比例调成上色涂料（脆皮水），将鸭体放入里面浸均匀，取出挂在专用架车上风吹干燥 1～2 小时，待鸭体干爽为止。

8. 烤制　电烤箱温度上升到 100℃时，把吹干的烤鸭坯挂在里面，背部朝外，腹部朝里，上升温度到 180℃左右改用小火保持温度，烤 20 分钟左右，换位翻转烤腹部，再继续烤 20 分钟左右，色泽基本均匀一致时，最后上升温度到 210℃保持 5 分钟左右，产品出油、红亮有光泽时即可出炉。

9. 检验

(1) 感官　色泽呈枣红色，无异味，具有烤鸭特有的香味。

(2) 理化　按产品标准要求进行检测，合格后即可出厂。

# 四、熏鸭脯

产品特点：呈枣红色，色泽光亮，造型美观，肉质紧密，鲜香美味，回味无穷。

## （一）工艺流程

原料选择→解冻→清洗、沥干→配料腌制→摊筛整形→烘干、熏制→检验→成品

## （二）配方

瘦肉型优质樱桃谷鸭脯肉 100 千克，酱油 3 千克，白砂糖 2 千克，精盐 1.5 千克，白酒 0.5 千克，味精 0.5 千克，乙基麦芽酚 0.15 千克，亚硝酸钠 0.015 千克。

（三）操作要点

1. 原料选择　选用经兽医宰前检疫、宰后检验合格的优质瘦肉型鸭脯为原料。

2. 解冻　用流动自来水或在常温下自然解冻。

3. 清洗沥干　用自来水清洗，去除表面明显的小毛等杂质，沥干水分，在 20℃以下存放不超过 2 小时。

4. 配料腌制

（1）按配方规定的要求用天平和电子秤配制各种调味料及食品添加剂。

（2）沥干后的原料放入不锈钢腌制桶里，投入搅拌均匀的辅料进行反复搅拌，使辅料全部溶解，中途翻动一次，腌制 12 小时出料。

5. 摊筛整理　鸭脯平摊在不锈钢网筛上，每块拉直成长方形块状，放在不锈钢架车上。

6. 烘干、熏制　不锈钢架车进入 55～60℃烘房中烘 8 小时左右，再进入烟熏烘房 1～2 小时上色为止，再于常温下自然冷却后即为成品。

7. 检验

（1）感官　表面干爽、色泽红润，无异味，具有该品种固有熏香味。

（2）理化　按产品标准进行检测，合格后方可出厂。

# 五、烧烤肉串

产品特点：色泽红润，香气芳香，鲜嫩味美，回味悠长。

（一）工艺流程

原料选择→解冻→清洗切丁→配料腌制→整理→烤制→称重包装→杀菌→冷却→检验→产品包装→成品入库

（二）配方

去皮鸭脯 100 千克，白砂糖 3 千克，精盐 2 千克，味精 0.5 千克，白酒 0.5 千克，辣椒粉 0.25 千克，胡椒粉 0.05 千克，五香粉 0.05 千克，乙基麦芽酚 0.05 千克，亚硝酸钠 0.015 千克。

（三）操作要点

1. 原料选择　选用经兽医宰前检疫、宰后检验合格的原料。

2. 解冻　用流动自来水或在常温下自然解冻。

3. 清洗切丁　用自来水冲洗干净，把鸭脯切成 2 厘米×2 厘米小方块。

4. 配料腌制　按配方规定的要求用天平和电子秤配制各种调味料和食品添加剂，辅料混合均匀。把鸭肉丁倒入不锈钢腌制盘中，放入辅料反复搅拌均匀，搁置 30 分钟后再搅拌一次，腌制 1 小时左右可以出料。

5. 整理　用 30 厘米竹扦，把鸭肉粒均匀串在上面，每串约 10 块左右，净重 50 克，排列在周转盘中待用。

6. 烤制　把鸭肉串均匀排列在烤制盘中，送到 180℃左右的烤箱中，进行 15 分钟左右烤制，烤制成熟，取出冷却。

7. 称重包装　按规格要求称重，排列整齐，用真空包装袋包装。

8. 高温杀菌　杀菌式：10 分钟—20 分钟—10 分钟（升温—恒温—降温）/121℃，反压冷却。

9. 冷却　用流动自来水冷却 1 小时，取出、上架、沥干水分。

10. 产品包装　根据包装的规格，装入彩袋中，用连动封口机封口，同时打印生产日期。

11. 检验

（1）感官　表面干爽红亮，无异味，具有该产品固有的风味。

（2）理化　按标准要求进行检测，合格后即可出厂。

# 六、啤酒烤鸭

产品特点：色泽枣红，红润明亮，鲜嫩可口，皮脆味香。

## （一）工艺流程

原料选择→解冻→清洗→整理→配料腌制→烫皮挂吹→烤制→检验→成品

## （二）配方

1. 主原料　瘦肉型优质樱桃谷鸭 100 千克。

2. 香辛料　八角 0.1 千克，花椒 0.08 千克，肉果 0.08 千克，草果 0.08 千克，荜拨 0.06 千克，千里香 0.05 千克，白芷 0.05 千克，良姜 0.05 千克。

3. 调味料　啤酒 5 千克，精盐 3 千克，白砂糖 1 千克，生姜汁 1 千克，味精 0.5 千克，香菇 0.25 千克，大葱 0.25 千克，复合磷酸盐 0.3 千克，乙基麦芽酚 0.015 千克。

4. 上色涂料　饴糖 4 千克，大红浙醋 2 千克，冷开水 6 千克。

## （三）操作要点

1. 原料解冻　选用 1～2 千克原料用流动水在常温条件下解冻，解冻后在 20℃条件下存放不超过 2 小时。

2. 清洗整理　修割尾脂腺，去除明显小绒毛和腹腔内残留的气管、食管、肺、肾脏等杂质，用流动水冲洗干净，逐只挂在流水线上，沥干水分。

3. 配料腌制

（1）按配方规定的要求用天平和电子秤配制各种调味料、上色涂料及食品添加剂。

（2）沥干后的原料鸭进入到 0～4℃腌制间里预冷 1 小时左右，待鸭胴体温度达 8℃以下备用。

（3）香辛料放入 5 千克清水中煮制 30 分钟后冷却备用。

（4）于不锈钢腌制桶放入原料鸭、辅料、香料水，混合均匀、反复搅拌，使辅料全部溶解，腌制 12 小时，中途翻动一次，出料或进入－18℃冷库中存放，烘烤时取出解冻。

4. 整形　用不锈钢挂钩勾住鸭翅下面骨头处，鸭头、鸭脖缠绕在不锈钢挂钩上面或穿在鸭肚子里面（这样鸭头颈部不易变焦黑色）。

5. 烫皮、挂吹　饴糖、大红浙醋、冷开水按比例调成上色涂料（脆皮水），将鸭体放入里面浸均匀，取出挂在专用架车上风吹干燥 1～2 小时，待鸭体干爽为止。

6. 烤制　电烤箱温度上升到 100℃时，把吹干的烤鸭坯挂在里面，背部朝外，腹部朝里，上升温度到 180℃左右改用小火保持温度，烤 20 分钟左右，换位翻转烤腹部，再继续烤 20 分钟左右，色泽基本均匀一致时，最后上升温度到 210℃保持 5 分钟左右，产品出油、红亮有光泽时，即可出炉。

7. 检验

（1）感官　色泽呈枣红色，无异味，具有烤鸭特有的香味。

（2）理化　按产品标准要求进行检测，合格后即可出厂。

# 七、香酥烤鸭

产品特点：色泽红润，香酥味美，鲜嫩爽口，肥而不腻，回味悠长。

**（一）工艺流程**

原料选择→解冻→清洗整理→配料腌制→挂吹→烤制→检验→成品

**（二）配方**

优质白条鸭 100 千克，香酥腌制料 6 千克，姜葱酒 1 千克，清水 6 千克。

**（三）操作要点**

1. 原料选择　选用经兽医宰前检疫、宰后检验合格的白条鸭为原料。

2. 原料解冻　原料用流动水在常温条件下进行解冻，解冻后在 20℃条件下存放不超过 2 小时。

3. 清洗整理　修割尾脂腺，去除明显小绒毛和腹腔内残留的气管、食管、肺、肾脏等杂质，用流动水冲洗干净，逐只挂在流水线上，沥干水分。

4. 配料腌制

（1）按配方规定的要求用天平和电子秤配制各种调味料及食品添加剂。

（2）沥干后的原料鸭进入到 0～4℃腌制间里预冷 1 小时左右，待鸭胴体温度达 8℃以下备用。

（3）香辛料放入 5 千克清水中煮制 30 分钟后冷却备用。

（4）于不锈钢腌制桶放入原料鸭、辅料，混合均匀，反复搅拌，使辅料全部溶解，腌制 12 小时，中途翻动一次后，出料，或进入－18℃冷库中存放，烘烤时取出解冻。

5. 整形　用不锈钢挂钩勾住鸭翅下面骨头处，鸭头、鸭脖缠绕在不锈钢挂钩上面或穿在鸭肚子里面（这样鸭头颈部不易变焦黑色）。

6. 挂吹　将鸭体挂在专用架车上风吹干燥 1～2 小时，待鸭体干爽为止。

7. 烤制　电烤箱温度上升到 100℃时，把吹干的烤鸭坯挂在里面，背部朝外，腹部朝里，上升温度到 180℃左右改用小火保持温度，烤 20 分钟左右，换位翻转烤腹部，再继续烤 20 分钟左右，色泽基本均匀一致时，最后上升温度到 210℃保持 5 分钟左右，产品出油、红亮有光泽时即可出炉。

8. 检验

（1）感官　色泽呈枣红色，无异味，具有烤鸭特有的香味。

（2）理化　按产品标准要求进行检测，合格后即可出厂。

## 八、龙井茶香烤鸭

产品特点：色泽黄褐，清爽鲜美，茶香飘逸，香脆酥嫩，美味可口，老少皆宜。

### (一) 工艺流程

原料选择→解冻→清洗整理→配料腌制→烫皮上色→挂吹→烤制→检验→成品

### (二) 配方

优质湖鸭（麻鸭）100 千克，精盐 3 千克，龙井茶 2 千克，白砂糖 2 千克，味精 1 千克，白酒 0.5 千克，复合磷酸盐 0.4 千克，乙基麦芽酚 0.2 千克。

### (三) 操作要点

1. 原料选择　经兽医宰前检疫、宰后检验合格的优质湖鸭（麻鸭）为原料。

2. 解冻　原料用流动自来水或在常温下自然解冻。

3. 清洗整理　修割尾脂腺，去除明显小绒毛和腹腔内残留的气管、食管、肺、肾脏等杂质，用流动水冲洗干净，逐只挂在流水线上，沥干水分。

4. 配料腌制

(1) 按配方规定的要求用天平和电子秤配制各种调味料、上色涂料及食品添加剂。

(2) 沥干后的原料鸭进入到 0～4℃腌制间里预冷 1 小时左右，待鸭胴体温度达 8℃以下备用。

(3) 将龙井茶叶放入 5 千克清水中煮制 30 分钟后冷却、备用。

(4) 于不锈钢腌制桶放入原料鸭、辅料、龙井茶叶水，混合均匀、反复搅拌，使辅料全部溶解，腌制 12 小时，中途翻动一次后出料，或进入 −18℃冷库中存放，烘烤时取出解冻。

5. 整形　用不锈钢挂钩勾住鸭翅下面骨头处，鸭头、鸭脖缠绕在不锈钢挂钩上面或穿在鸭肚子里面（这样鸭头颈部不易变焦黑色）。

6. 烫皮挂吹　将鸭体挂在专用架车上风吹干燥 1～2 小时，待鸭体干爽为止。

7. **烤制**　电烤箱温度上升到 100℃时，把吹干的烤鸭坯挂在里面，背部朝外，腹部朝里，上升温度到 180℃左右改用小火保持温度，烤 20 分钟左右，换位翻转烤腹部，再继续烤 20 分钟左右，色泽基本均匀一致时，最后上升温度到 210℃保持 5 分钟左右，产品出油、红亮有光泽时即可出炉。

8. **检验**

(1) 感官　色泽呈枣红色，无异味，具有烤鸭特有的香味。

(2) 理化　按产品标准要求进行检测，合格后即可出厂。

## 九、樱桃烤鸭

产品特点：选料考究，制作精细，色泽红褐，香脆可口，汁浓味醇。

### (一) 工艺流程

原料选择→解冻→清洗整理→配料腌制→烫皮上色→挂吹→烤制→检验→成品

### (二) 配方

优质湖鸭（麻鸭）100 千克，鲜樱桃汁 3 千克，精盐 3 千克，白砂糖 3 千克，味精 1 千克，樱桃叶 0.2 千克，复合磷酸盐 0.3 千克，乙基麦芽酚 0.2 千克。

### (三) 工艺操作要点

1. **原料选择**　经兽医宰前检疫、宰后检验合格的优质湖鸭（麻鸭）为原料。

2. **解冻**　原料用流动自来水或在常温下自然解冻。

3. **清洗整理**　修割尾脂腺，去除明显小绒毛和腹腔内残留的气管、食管、肺、肾脏等杂质，用流动水冲洗干净，逐只挂在流水线上，沥干水分。

4. **配料腌制**

(1) 按配方规定的要求用天平和电子秤配制各种调味料及食品添加剂。

(2) 沥干后的原料鸭进入到 0～4℃腌制间里预冷 1 小时左右，待鸭胴体温度达 8℃以下备用。

(3) 把鸭胴体放入鲜樱桃汁里面，使樱桃汁均匀地裹在鸭身上，约 30 分钟后取出，晾干备用。

(4) 于不锈钢腌制桶放入原料鸭、辅料，混合均匀、反复搅拌，使辅料全部溶解，腌制 12 小时，中途翻动一次出料，或进入－18℃冷库中存放，烘烤时取出解冻。

5. 整形　用不锈钢挂钩勾住鸭翅下面骨头处，鸭头和鸭脖缠绕在不锈钢挂钩上面或穿在鸭肚子里面（这样鸭头颈部不易变焦黑色）。

6. 烫皮挂吹　将鸭体挂在专用架车上风吹干燥 1～2 小时，待鸭体干爽为止。

7. 烤制　电烤箱温度上升到 100℃时，把吹干的烤鸭坯挂在里面，背部朝外，腹部朝里，上升温度到 180℃左右改用小火保持温度，烤 20 分钟左右，换位翻转烤腹部，再继续烤 20 分钟左右，色泽基本均匀一致时，最后上升温度到 210℃保持 5 分钟左右，产品出油、红亮有光泽时即可出炉。

8. 检验

（1）感官　色泽呈枣红色，无异味，具有烤鸭特有的香味。

（2）理化　按产品标准要求进行检测，合格后即可出厂。

# 第四节　其他制品加工

## 一、休闲鸭颈

本产品选用鲜（冻）去皮鸭颈为原料，经腌制、煮制、杀菌等工序加工制成，产品开袋即食，携带方便，色泽红润，有光泽，口感鲜香微辣，回味悠长。

### （一）工艺流程

验收、入库→解冻、整理→腌制→煮制→修剪、浸制→灌装、真空封口→杀菌、风干→检验、入库

### （二）配方（以 100 千克鸭颈原料计）

1. 腌制料　炒盐 4 千克，D-异抗坏血酸钠 100 克，亚硝酸钠 12 克。

2. 煮制料　白砂糖 5 千克，酱油 3 千克，食用盐 1 千克，味精 1 千克，白酒 500 克，生姜 300 克，大葱 300 克，花椒粉 250 克，孜然粉 250 克，胡椒粉 250 克，乙基麦芽酚 100 克，山梨酸钾 5 克。

### （三）操作要点

1. 验收、入库

（1）原料等采购应选择产品供货质量稳定的供应商（含生产商），选择新

的供应商时必须先期对其进行产品安全评价。

（2）对鲜（冻）鸭颈原料验收的内容包括：向供应商索取每批原料的检疫合格证明及运输车辆消毒证、有效的产品生产许可证和产品检验合格证，对每批原料进行感官检查，原料质量应符合国家相关标准的规定。

（3）验收合格的原辅料应及时入库贮存，鲜（冻）鸭颈应在−18℃条件下冻藏。辅助材料和包装材料应在干燥、避光、常温条件下贮存。

2. 解冻、整理

（1）在不锈钢池中加满自来水，投入去除外包装的鸭颈，用流动自来水进行解冻。

（2）把解冻后的鸭颈放在不锈钢工作台上逐一进行整理，剔除淤血严重的鸭颈，去除残存的脂肪、食管、气管、颈皮、血管、筋膜等杂物。

（3）用清水冲洗干净鸭颈，沥水备用。

3. 腌制

（1）用符合精度要求的天平或电子秤按配方要求称取各种腌制料，并混合均匀。

（2）把鸭颈投入腌制槽，撒上混合腌制料，反复搅拌，腌制2小时出料。亦可用真空滚揉机搅拌腌制。

4. 煮制

（1）按规定配方称取各种煮制料待用。

（2）蒸汽夹层锅中加入120千克清水，投入已配好的白砂糖、食用盐，旋开蒸汽阀，待水沸且糖、盐已溶化时放入其他煮制料及鸭颈，再沸后保持温度在90～95℃，维持20分钟时间，捞出鸭颈沥卤。

（3）把老汤重新烧开，冷却后用双层纱布过滤，倒入腌制槽中待用。

5. 修剪、浸制

（1）把煮制沥卤的鸭颈摊放在不锈钢工作台上冷却（夏季置空调间）。亦可用快速冷却机冷却。

（2）产品冷却后，应逐一修剪掉明显的裸骨、尖骨及骨刺，用剪刀把鸭颈剪成约4厘米长的段。

（3）把鸭颈段投入放有老汤的腌制槽中浸制6～8小时，捞出沥卤。卤汤重新烧开，冷却后用双层纱布过滤复用。

6. 灌装、真空封口

（1）把沥卤后的鸭颈段灌装入袋后移送下工序，灌装时注意保持袋口的清洁，防止黏附汤渍等。

（2）抽真空前先预热封口机，调整好热封温度及时间、抽真空时间。

（3）用专用消毒毛巾擦干包装袋口（防止袋口有油渍等）后再封口。

（4）封口结束后需逐袋检查封口是否完好，防止封口偏离、叠封、漏封、皱折产品出现，封口完好产品应及时放入杀菌车内（注意轻拿轻放）。

7. 杀菌、风干

（1）杀菌操作　严格按压力容器操作规范和工艺规范要求进行，升温时必须保证有 3 分钟以上的排气时间，排净杀菌锅内冷空气。

（2）采用高温杀菌　杀菌式：10 分钟—18 分钟—10 分钟（升温—恒温—降温）/121℃，反压冷却。

（3）出锅前排净锅内余水，产品出锅后迅速转入流动自来水池中，强制冷却约 1 小时，剔除破袋产品后上架、平摊，沥干水分。亦可通过自动清洗烘干线快速完成清洗产品、剔除破袋产品、烘干袋面水分等。

8. 检验、入库

（1）杀菌后应认真检查，完成杀菌记录表的填写，并及时将冷却透的产品送样到质检部门按熟肉制品相关执行标准进行微生物检验。

（2）按批次检验合格后下达检验报告单，打印批号同生产日期必须严格对应，打印的位置应统一，字迹清晰、牢固。

（3）按规格要求定量装入周转箱，外箱注明产品品名、生产日期，入库暂存或进入市场销售。

# 二、酱（腊）鸭舌

腊鸭舌是有名的杭州特产，是鸭副产品中上乘品种之一，该产品外形美观、呈黄褐色、鲜嫩美味、醇香浓郁，是老少皆宜喜爱的佳品。

## （一）工艺流程

选料、入库→解冻→整理→腌制→摊筛、烘干→检验、入库

## （二）配方（以 100 千克鸭舌原料计）

1. 腊香味料　精盐 2 千克，白砂糖 2 千克，味精 1 千克，白酒 1 千克，D-异抗坏血酸钠 100 克，乙基麦芽酚 100 克，红曲红 10 克，亚硝酸钠 10 克。

2. 酱香味料　酱油 5 千克，白砂糖 5 千克，精盐 1 千克，味精 1 千克，

白酒 500 克，D-异抗坏血酸钠 100 克，乙基麦芽酚 100 克，红曲红 10 克，亚硝酸钠 10 克。

### （三）操作要点

**1. 选料、入库**

（1）原料等采购应选择产品供货质量稳定的供应商（含生产商），选择新的供应商时必须先期对其进行产品安全评价。

（2）对鲜（冻）鸭舌原料验收的内容包括：向供应商索取每批原料的检疫合格证明及运输车辆消毒证、有效的产品生产许可证和产品检验合格证，对每批原料进行感官检查，原料质量应符合国家相关标准的规定。

（3）验收合格的原辅料应及时入库贮存，鲜（冻）鸭舌应在－18℃条件下冻藏，辅助材料和包装材料应在干燥、避光、常温条件下贮存。

**2. 解冻**　鲜（冻）鸭舌应置放在 20℃解冻室内自然解冻，解冻后存放时间不得超过 2 小时。

**3. 整理**

（1）用流动自来水冲洗鸭舌（必要时需用约 80℃的热水烫鸭舌），去除鸭舌表面的黄皮、杂质等。

（2）清洗干净后沥干水分，置 0～4℃的腌制间预冷约 1 小时，使鸭舌温度达 8℃以下待用。

**4. 腌制**

（1）根据配方用符合计量精度要求的天平或电子秤称取各种调味料及食品添加剂，置腌制桶中搅拌均匀。

（2）把鸭舌放入腌制桶中与各种调味料及食品添加剂充分拌匀，静止 10 分钟后继续搅拌，待辅料全部溶解为止，中途每隔 30 分钟搅拌 1 次，腌制约 5 小时后出料。

**5. 摊筛、烘干**

（1）先把腌制好的鸭舌平摊在不锈钢网筛上，再移放在不锈钢架车上，推入室温约 60℃的烘房中。

（2）在烘房中，每隔 1 小时左右上下翻动 1 次，烘干 4 小时左右，出烘房自然冷却。

**6. 检验、入库**

（1）按相关执行标准对产品进行感官检验和理化指标检验。

（2）经检验的合格产品按规格要求计量装袋后入库或销售。

# 三、鸭肉串

鸭肉串产品色泽红润、气味芳香、鲜嫩味美、回味悠长。

## (一) 工艺流程

选料→解冻→切丁→腌制→串串→摊筛、烘干→检验入库

## (二) 配方 (以 100 千克去皮鸭脯原料计)

白砂糖 3 千克，精盐 2 千克，味精 500 克，白酒 500 克，胡椒粉 500 克，五香粉 500 克，辣椒粉 250 克，乙基麦芽酚 50 克，亚硝酸钠 12 克。

## (三) 操作要点

1. 选料　选用经兽医宰前、宰后检验合格的肉鸭分割所得的鲜（冻）去皮鸭脯为原料。

2. 解冻　采用自然解冻（在 20℃室温解冻室内自然解冻约 10 小时。）或喷淋水喷淋解冻。解冻过程中注意适当翻动鸭脯，并检查剔除淤血严重及遭受污染的鸭脯。

3. 切丁　用自来水冲洗干净解冻好的鸭脯，把鸭脯切成 2 厘米×2 厘米见方的小方块。

4. 腌制　根据配方称取各种调味料和食品添加剂，然后混合均匀。把鸭肉丁倒入不锈钢腌制盘中，放入混合均匀的辅料反复搅拌均匀，搁置 30 分钟后再搅拌 1 次，腌制 1 小时左右可以出料。

5. 串串　用 30 厘米长竹扦，把鸭肉粒均匀串在上面，每串约 10 块左右，净重 50 克，排列在周转盘中待用。

6. 摊筛、烘干

(1) 把鸭肉串平摊在不锈钢网筛上，再移放在不锈钢架车上，推入室温约 60℃的烘房中。

(2) 在烘房中，每隔 1 小时左右上下翻动 1 次，烘干 4 小时左右，出烘房自然冷却。

7. 检验、入库

(1) 按相关执行标准对产品进行感官检验和理化指标检验。

(2) 经检验的合格产品按规格要求计量装袋后入库或销售。

## 四、酱鸭掌

酱鸭掌色泽呈酱褐黄色，酱香浓郁、肉质鲜美、味美适口、营养丰富。本产品多在春、冬季生产。

### （一）工艺流程

选料→解冻→整理→腌制→摊筛、晾晒→检验、入库

### （二）配方（以 100 千克鸭掌原料计）

酱油 6 千克，白砂糖 3 千克，味精 500 克，白酒 500 克，D-异抗坏血酸钠 100 克，乙基麦芽酚 50 克，亚硝酸钠 10 克。

### （三）操作要点

1. 选料　选用经兽医宰前、宰后检验合格的肉鸭分割所得的鲜、冻鸭掌为原料。

2. 解冻　用流动自来水或在常温条件下自然解冻，解冻要完全。

3. 整理　去除鸭掌黄皮、脚底黑斑、指甲等杂物（必要时需用约 70℃ 的热水烫鸭掌）。整理后的鸭掌置流动自来水中清洗干净，去除杂质，漂净血水，沥干水分待用（夏季在腌制前需进入 0～4℃ 的腌制间预冷到 8℃ 以下。）。

4. 腌制

（1）根据配方称取各种调味料及食品添加剂拌和均匀。

（2）在腌制桶中放入沥干水分的鸭掌，投入拌和好的腌制料，反复搅拌，停 10 分钟后再搅拌，直到辅料全部溶解为止，每隔 4 小时翻动 1 次，腌制 12 小时出料。或直接用真空滚揉设备处理，可缩短腌制时间。

5. 摊筛、晾晒　把鸭掌平摊在不锈钢网筛上，放在不锈钢架车上，在日光下晾晒 3～4 天，即为成品。

6. 检验、入库

（1）按相关执行标准对产品进行感官检验和理化指标检验。

（2）经检验的合格产品按规格要求计量装袋后入库或销售。

## 五、无骨酱（腊）鸭掌

无骨酱（腊）鸭掌产品色泽呈琥珀色，表面干爽，香味浓郁，咸淡适中，

鲜嫩可口。

### （一）工艺流程

选料→解冻→整理→拆骨→腌制→摊筛→烘干→检验入库

### （二）配方（以100千克去骨鸭掌原料计）

1. 腊香味料　精盐2千克，白砂糖1千克，味精500克，白酒500克，乙基麦芽酚200克，D-异抗坏血酸钠100克，亚硝酸钠10克。

2. 酱香味料　酱油5千克，白砂糖5千克，精盐1千克，味精1千克，白酒1千克，乙基麦芽酚200克，D-异抗坏血酸钠100克，亚硝酸钠10克。

### （三）操作要点

1. 选料　选用经兽医宰前、宰后检验合格的肉鸭分割所得的鲜（冻）鸭掌为原料。

2. 解冻　用流动自来水或在常温条件下自然解冻，解冻要完全。

3. 整理　去除鸭掌黄皮、脚底黑斑、指甲等杂物（必要时需用约70℃的热水烫鸭掌）。整理后的鸭掌置流动自来水中清洗干净，去除杂质。

4. 拆骨　用不锈钢刀在鸭掌背面每根指骨中间刻条线，再用不锈钢剪刀把骨头从中间挑出来，去除鸭掌全部骨头（注意：操作时应仔细，不能把下面底部割破，否则影响美观）。完成后用自来水冲洗干净，沥干水分后，进入0～4℃腌制间预冷到8℃以下备用。

5. 腌制

（1）根据配方称取各种调味料及食品添加剂，将各种辅料拌和均匀。

（2）把鸭掌投入到腌制桶中，加入拌和均匀的腌制料，反复搅拌二三遍，停10分钟继续上下翻动2次，使料液全部溶解为止，每1小时翻动1次，腌制6小时出料。

6. 摊筛　平摊在不锈钢网筛上，放在不锈钢架车上。

7. 烘干　把架车推进烘房，用60℃左右的温度烘干2～4小时，中途翻动2次，在常温下自然冷却，即为成品。

8. 检验、入库

（1）按相关执行标准对产品进行感官检验和理化指标检验。

（2）经检验的合格产品按规格要求计量装袋后入库或销售。

# 六、酱（腊）鸭掌包

酱（腊）鸭掌包产品酱红或蜡黄色，具有酱香和干香，为下酒的美味佳肴。

## （一）工艺流程

选料→解冻→整理→清洗→腌制→捆扎→二次腌制→挂晒烘干→检验→成品

## （二）配方

1. 腊香味　鲜（冻）鸭掌 70 千克，鸭肠 25 千克，鸭肫 5 千克，精盐 3 千克，白砂糖 1 千克，味精 1 千克，白酒 1 千克，生姜汁 1 千克，五香粉 10 克，乙基麦芽酚 200 克，D-异抗坏血酸钠 100 克，亚硝酸钠 10 克。

2. 酱香味　鲜（冻）鸭掌 70 千克，鸭肠 25 千克，鸭肫 5 千克，酱油 5 千克，白砂糖 4 千克，精盐 1.5 千克，味精 1 千克，白酒 1 千克，生姜汁 1 千克，D-异抗坏血酸钠 100 克，香兰素 15 克，亚硝酸钠 10 克。

## （三）操作要点

1. 选料　选用经兽医宰前、宰后检验合格的肉鸭分割所得的鲜（冻）鸭掌、鸭肫、鸭肠为原料。

2. 解冻　用流动自来水或在常温下自然解冻。

3. 整理　鸭掌、鸭肫去除黄皮、黑斑等杂质，鸭肠用 1% 的盐揉搓后清洗干净。

4. 清洗　鸭掌、鸭肠、鸭肫用自来水清洗干净，沥干水分备用。

5. 腌制

（1）根据配方称取各种调味料及食品添加剂。

（2）将辅料全部混合，搅拌均匀，鸭掌用 1.5% 的食用盐搅拌，腌制 2 小时，鸭肠用不锈钢网筛在烘房里用 55℃烘干 15 分钟左右，取出冷却。

6. 捆扎　每只鸭肫用刀切成八小块，鸭掌里面放小块鸭肫，两边掌皮朝中间包紧，用鸭肠从掌尖朝里面一层一层捆扎，直到鸭掌全部包完为止切断鸭肠，用竹筷顶住鸭肠朝鸭肫中间扎到里面，以此类推，重复操作，鸭掌包就完成了。

7. 二次腌制　将第一次腌制料液重新搅拌均匀，腌制桶中放入包扎好的鸭掌包，倒入第一次剩余的料液，浸泡 6 小时即可出料。

8. 挂晒或烘干　用小麻线 10 只一串扎好鸭掌包，用不锈钢网筛进行晾晒 2～3 天，或用烘房 55℃温度烘干 4 小时，在常温下自然冷却，即为成品。

9. 检验

（1）感官　色泽呈蜡黄色或酱红色、表面干爽、无异味，具有鸭掌固有的腊香和酱香味。

（2）理化　各项指标符合相关执行标准要求，检验合格即可出厂。

# 七、腊鸭肫

腊鸭肫产品色泽黑褐，有光泽，肉质紧密，携带方便，口味清香爽口，食之不腻。

## （一）工艺流程

原料选择→解冻→清洗整理→配料腌制→摊筛→挂架→风干→检验→成品

## （二）配方（以 100 千克鸭肫原料计）

精盐 4 千克，五香粉 50 克，D-异抗坏血酸钠 150 克。

## （三）操作要点

1. 选料　选用经兽医宰前、宰后检验合格的肉鸭所得的鲜（冻）鸭肫为原料。

2. 解冻　用流动自来水或在常温下自然解冻。

3. 清洗　用清水冲洗干净，去除里外的黄皮、油膜等杂质，沥干水分。

4. 配料　根据配方称取各种调味料及食品添加剂，将辅料拌和均匀。原料倒入不锈钢桶中，投入辅料反复搅拌，使辅料全部溶解，中途每 6 小时翻动 1 次，腌制 24 小时出料。

5. 摊筛　把鸭肫逐只摊在不锈钢网筛上晾晒 2～3 天。

6. 挂架　用麻绳把鸭肫 10 只一串，挂起上架。

7. 风干　把挂好的鸭肫进入晾晒大棚里风干，10 天左右即为成品。

8. 检验

（1）感官　外表干爽、无异味，具有鸭肫固有的风味。

（2）理化　按产品标准要求进行检测，合格后方可出厂。

## 八、香辣鸭掌

选用鲜（冻）鸭掌为原料，独特配方，加工精良，产品色泽金黄、香辣味浓、滋味鲜、香脆有韧性、美味可口。

### （一）工艺流程

原辅包装材料的验收→原辅包装材料的贮存→原料解冻→清洗沥干→煮制→冷却称重→真空包装→杀菌→冷却→检验→外包装→成品入库

### （二）配方（以100千克鸭掌原料计）

1. 香辛料　辣椒2千克，生姜500克，香葱500克，八角100克，花椒100克，肉果100克，草果100克，香叶50克，白芷50克。

2. 辅料　白砂糖5千克，食用盐3千克，味精1千克，白酒500克，乙基麦芽酚150克，辣椒精100克，山梨酸钾7.5克。

### （三）操作要点

1. 原辅包装材料的验收　应向供应商索取每批原料的检疫证明、有效的生产许可证和检验合格证，对每批原料进行感官检查，对鲜（冻）鸭掌、食用盐、香辛料等原辅料及包装材料进行验收，质量应符合国家相关标准的规定。

2. 原辅包装材料的贮存　鲜（冻）鸭掌应在−18℃贮存条件下贮存，辅助材料和包装材料在干燥、避光、常温条件下贮存。

3. 原料解冻　不锈钢池加满自来水，放入去除外包装的鸭掌，用流动自来水进行解冻。

4. 清洗沥干　解冻后沥干水分，放在不锈钢工作台上用刀逐只整理后清洗，去除明显的杂质。

5. 煮制

（1）按规定配方称取各种香辛料和辅料待用。

（2）蒸汽夹层锅中加入120千克清水，投入已配好的白砂糖、食用盐，旋开蒸汽阀，待水沸且糖、盐已溶化时放入其他料，再沸后保持温度在90～95℃，投入鸭掌烧沸后维持约15分钟时间，捞出鸭掌沥卤。

（3）把老汤重新烧开，冷却后用双层纱布过滤，用专用容器盛装并盖上桶盖，留待下次使用。用老汤替代清水煮制时，各煮制料减半添加。

6. 冷却称重 卤煮的产品摊放在不锈钢工作台上冷却（夏季用空调），修剪掉明显的骨刺。

7. 真空包装 抽真空前先预热机器，调整好封口温度、真空度和封口时间，袋口用专用消毒的毛巾擦干（防止袋口有油渍）后封口，结束后逐袋检查封口是否完好，轻拿轻放摆放在杀菌专用周转筐中。

8. 杀菌

（1）杀菌操作 按压力容器操作要求和工艺规范进行，升温时必须保证有3分以上的排气时间，排净冷空气。

（2）采用高温杀菌 杀菌式：10分钟—18分钟—10分钟（升温—恒温—降温）/115℃，反压冷却。

9. 冷却 排净锅内水，剔除破包，出锅后应迅速转入流动自来水池中，强制冷却1小时左右，上架、平摊、沥干水分。

10. 检验 检查杀菌记录表和冷却是否彻底凉透，送样到质检部门按熟肉制品标准进行微生物检验。

11. 外包装 按批次检验合格后下达检验报告单，打印批号同生产日期必须严格对应，打印的位置应统一，字迹清晰、牢固。

12. 成品入库 按规格要求定量装箱，外箱注明品名、生产日期，方可进入成品库。

# 九、川味鸭颈

本产品选用鲜（冻）去皮鸭颈为原料，精选纯天然香料和辣椒，采用全新的独特复合配方，运用传统加工工艺结合现代食品科学加工新技术加工而成，产品色泽红润、有光泽、辣椒味浓、鲜香可口、回味悠长。

## （一）工艺流程

验收、入库→解冻、整理→腌制→煮制→修剪、灌装→真空封口→杀菌、风干→检验、入库

## （二）配方（以 100 千克鸭颈原料计）

1. 腌制料 花椒盐4千克，D-异抗坏血酸钠100克，亚硝酸钠10克。

2. 煮制料 白砂糖5千克，酱油3千克，食用盐1.5千克，味精1千克，白酒500克，生姜500克，大葱500克，花椒粉500克，辣椒粉500克，孜然

粉 500 克，胡椒粉 500 克，乙基麦芽酚 100 克，山梨酸钾 7 克。

### （三）操作要点

1. 验收、入库

（1）原料等采购应选择产品供货质量稳定的供应商（含生产商），选择新的供应商时必须先期对其进行产品安全评价。

（2）对鲜（冻）鸭颈原料验收的内容包括：向供应商索取每批原料的检疫合格证明及运输车辆消毒证、有效的产品生产许可证和产品检验合格证，对每批原料进行感官检查，原料质量应符合国家相关标准的规定。

（3）验收合格的原辅料应及时入库贮存，鲜（冻）鸭颈应在 -18℃ 条件下冻藏，辅助材料和包装材料应在干燥、避光、常温条件下贮存。

2. 解冻、整理

（1）在不锈钢池中加满自来水，投入去除外包装的鸭颈，用流动自来水解冻。

（2）把解冻后的鸭颈放在不锈钢工作台上逐一整理，剔除淤血严重的鸭颈，去除残存的脂肪、食管、气管、颈皮、血管筋膜等杂物。

（3）用清水冲洗干净鸭颈，沥水备用。

3. 腌制

（1）根据配方称取各种腌制料，并混合均匀。

（2）把鸭颈投入真空滚揉机，撒上混合腌制料，滚揉腌制 2 小时出料。

4. 煮制

（1）按规定配方称取各种煮制料待用。

（2）蒸汽夹层锅中加入 120 千克清水，投入已配好的白砂糖、食用盐，旋开蒸汽阀，待水沸且糖、盐已溶化时放入其他煮制料及鸭颈，再沸后保持温度在 90～95℃，维持 20 分钟时间，捞出鸭颈沥卤。

（3）把老汤重新烧开，冷却后用双层纱布过滤，用专用容器盛装并盖上桶盖，留待下次使用。用老汤替代清水煮制时，各煮制料减半添加。

5. 修剪、灌装

（1）把煮制沥卤的鸭颈摊放在不锈钢工作台上冷却（夏季置空调间）。亦可用快速冷却机冷却。

（2）产品冷却后，应逐一修剪掉明显的裸骨、尖骨及骨刺，用剪刀把鸭颈剪成约 4 厘米长的段。

（3）把鸭颈段灌装入袋后移送下工序，灌装时注意保持袋口的清洁，防止黏附油渍等。

**6. 真空封口**

（1）抽真空前先预热封口机，调整好热封温度及时间、抽真空时间。

（2）用专用消毒毛巾擦干包装袋口（防止袋口有油渍等）后再封口。

（3）封口结束后需逐袋检查封口是否完好，防止封口偏离、叠封、漏封、皱折产品出现，封口完好产品应及时放入杀菌车内（注意轻拿轻放）。

**7. 杀菌、风干**

（1）杀菌操作　严格按压力容器操作规范和工艺规范要求进行，升温时必须保证有 3 分钟以上的排气时间，排净杀菌锅内冷空气。

（2）采用高温杀菌　杀菌式：10 分钟—18 分钟—10 分钟（升温—恒温—降温）/121℃，反压冷却。

（3）风干　出锅前排净锅内余水，产品出锅后迅速转入流动自来水池中，强制冷却约 1 小时，剔除破袋产品后上架、平摊，沥干水分。亦可通过自动清洗烘干线快速完成清洗产品、剔除破袋产品、烘干袋面水分等。

**8. 检验、入库**

（1）杀菌后应认真检查，完成杀菌记录表的填写，并及时将冷却透的产品送样到质检部门按熟肉制品相关执行标准进行微生物检验。

（2）按批次检验合格后下达检验报告单，打印批号同生产日期必须严格对应，打印的位置应统一，字迹清晰、牢固。

（3）按规格要求定量装入周转箱，外箱注明产品品名、生产日期，入库暂存或进入市场销售。

# 十、麻辣鸭头

本产品以鲜（冻）鸭头为原料，配以纯天然香料和各种辅料，采用传统工艺，运用现代技术加工而成，产品色泽红润、有光泽、麻辣味浓、醇香鲜美、回味悠长。

**（一）工艺流程**

验收入库→解冻、整理→煮制→灌装→真空封口→杀菌、风干→检验入库

**（二）配方**（以 100 千克鸭头原料计）

白砂糖 4 千克，酱油 2 千克，食用盐 2 千克，辣椒粉 1.5 千克，花椒粉 1 千克，味精 500 克，白酒 500 克，生姜 500 克，香葱 500 克，乙基麦芽酚 150

克，鸭肉浸膏 150 克，红曲红 30 克，亚硝酸钠 12 克，山梨酸钾 6 克。

### （三）操作要点

**1. 验收、入库**

（1）原料等采购应选择产品供货质量稳定的供应商（含生产商），选择新的供应商时必须先期对其进行产品安全评价。

（2）对鲜（冻）鸭头原料验收的内容包括：向供应商索取每批原料的检疫合格证明及运输车辆消毒证、有效的产品生产许可证和产品检验合格证，对每批原料进行感官检查，原料质量应符合国家相关标准的规定。

（3）验收合格的原辅料应及时入库贮存，鲜（冻）鸭头应在 −18℃ 条件下冻藏。辅助材料和包装材料应在干燥、避光、常温条件下贮存。

**2. 解冻、整理**

（1）在不锈钢池中加满自来水，投入去除外包装的鸭头，用流动自来水解冻。

（2）把解冻后的鸭头放在不锈钢工作台上逐一整理，剔除淤血严重的鸭头，去除残存的食管、气管、淤血、鸭毛、食蜡等杂物。

（3）用清水冲洗干净鸭头，沥水备用。

**3. 煮制**

（1）按规定配方称取各种煮制料待用。

（2）蒸汽夹层锅中加入 120 千克清水，投入已配好的白砂糖、食用盐，旋开蒸汽阀，待水沸且糖、盐已溶化时放入其他煮制料及鸭颈，再沸后保持温度在 90～95℃，维持 20 分钟时间，捞出鸭头沥卤。

（3）把老汤重新烧开，冷却后用双层纱布过滤，用专用容器盛装并盖上桶盖，留待下次使用。用老汤替代清水煮制时，各煮制料减半添加。

**4. 修整、灌装**

（1）把煮制沥卤的鸭头摊放在不锈钢工作台上冷却（夏季置空调间）。亦可用快速冷却机冷却。

（2）产品冷却后，应逐一修剪掉明显的裸骨、尖骨及骨刺。

（3）把鸭头灌装入袋后移送下工序，灌装时注意保持袋口的清洁，防止黏附油渍等。

**5. 真空封口**

（1）抽真空前先预热封口机，调整好热封温度及时间、抽真空时间。

（2）用专用消毒毛巾擦干包装袋口（防止袋口有油渍等）后再封口。

（3）封口结束后需逐袋检查封口是否完好，防止封口偏离、叠封、漏封、皱折产品出现，封口完好产品应及时放入杀菌车内（注意轻拿轻放）。

6. 杀菌、风干

（1）杀菌操作　严格按压力容器操作规范和工艺规范要求进行，升温时必须保证有 3 分钟以上的排气时间，排净杀菌锅内冷空气。

（2）采用高温杀菌　杀菌式：10 分钟—20 分钟—10 分钟（升温—恒温—降温）/121℃。

（3）风干　出锅前排净锅内余水，产品出锅后迅速转入流动自来水池中强制冷却约 1 小时，剔除破袋产品后上架、平摊，沥干水分。亦可通过自动清洗烘干线快速完成清洗产品、剔除破袋产品、烘干袋面水分等。

7. 检验、入库

（1）杀菌后应认真检查，完成杀菌记录表的填写，并及时将冷却透的产品送样到质检部门按熟肉制品相关执行标准进行微生物检验。

（2）按批次检验合格后下达检验报告单，打印批号同生产日期必须严格对应，打印的位置应统一，字迹清晰、牢固。

（3）按规格要求定量装入周转箱，外箱注明产品品名、生产日期，入库暂存或进入市场销售。

# 第六章

# 鹅肉制品加工　>>>>>

## 第一节　腌腊制品加工

### 一、腊香板鹅

腊香板鹅系传统秋、冬生产的腌腊禽产品，该产品特点是：平整光洁、油香四溢、色正味美，产品久负盛名，具有广阔市场前景。

**（一）工艺流程**

选鹅宰杀→整形制坯→擦盐、干腌→制卤、湿腌→晾干或烘干

**（二）配方**

以 100 千克鹅坯需用量计：清水 100 千克，食盐 15～18 千克，老姜 250 克，桂皮 180 克，八角 150 克，花椒 120 克。

**（三）操作要点**

1. 选鹅宰杀　挑选健康壮实无病、肌肉丰满、胸骨不露出、体重不低于 3 千克、一年内饲养的肥仔鹅为原料。为免鹅肉出现充血现象，应按照肉禽宰杀要求于宰前一天禁食，供足饮水。宰杀时三管齐断，割断气管、食道、血管，放尽淤血后，先拔掉绒毛，再放入 70～85℃热水中，充分搅动、浸润湿透羽毛，再煺尽羽毛。接着充分清洗 2～3 次，去除刀口淤血、皮屑及污物，使鹅只体表洁净。

2. 整形制坯　完成宰杀、放血、浸烫、煺毛、洗净工序后，用刀沿鹅胸至腹部中线剖开，去净气管、食管、内脏，再放入足量清水（最好为流动冷却水）中浸泡 4～5 小时，漂净残血，取出沥干。将鹅体放置于桌上使其背向下，腹朝上，头颈卷入腹内，用力压平胸部人字骨，致鹅体呈扁平椭圆形。

3. 擦盐、干腌　将八角（鹅坯重的 0.02% 左右）碾成细粉，拌入适量（鹅坯重的 5% 左右）精盐一同放入锅内微火炒干水分，冷却后抹擦在整形后的鹅体上。涂抹胸腿部肌肉厚处时需用力，让肌肉与骨髓受压分离，将抹盐后

的鹅逐只依序叠压入缸中腌制，在最上层撒一层盐末，置低于15℃温度的环境中腌制16~20小时。待腌透后便可出缸，沥尽血水，必要时干腌期间需倒缸，使鹅坯上下换位后进行复腌6~8小时。

4. 制卤、湿腌　按配方配料制卤。先配制腌制液，按配方先将食盐加入水中，煮沸，然后加入其余香辛料，制成冷却饱和盐卤溶液待用。把出缸后的鹅坯转入湿腌缸，逐只堆放妥当后上覆不锈钢网丝片盖压，再用符合卫生要求的石块类重物压紧，加入腌制液，使鹅坯全部浸没在盐水溶液中，湿腌24~32小时。

5. 晾干或烘干

（1）晾干　湿腌出缸的鹅坯用清水洗净沥干，拉直鹅颈，两腿展开，再用3块软硬适当、长短适合的竹片分别撑开鹅的胸腰、腿部，或用不锈钢针撑开使其呈扁平形状，整齐排列挂于架上，置阴凉通风处干燥即可。平均失重率约9%。

（2）烘干　将鹅坯洗净拭干，拉直鹅颈，两腿展开，用软硬适度、长短恰当的竹片3块，分别撑开鹅的胸、腰、腿部，或用不锈钢针撑开使其呈扁平形状，挂于移动车架上，置阴凉通风处稍晾，移送烘房或红外烤箱烘干，即得成品。

## 二、鹅 火 腿

鹅火腿加工时间宜选择在每年的农历十月至十二月和一月至二月底。应选用饲养日龄较长、体大、腿肌肉发达的老鹅，生产鹅肥肝和活拔毛的鹅，不宜整只加工利用的鹅，将鹅只宰杀后分割取其两只鹅腿作为加工原料。鹅火腿产品的特点是皮白、肉红、肉质紧密、味香。

### （一）工艺流程

制坯→干腌→湿腌→晾干、整形

### （二）配方（鹅火腿卤水配方）

以150千克鹅坯需用量计：鹅血水50千克，盐15千克，葱100克，老姜50克，八角25克。

### （三）操作要点

1. 制坯　将宰杀、清洗好的全净膛鹅体，按常规分割方法取下两腿，去掉鹅蹼，去掉腿上多余的脂肪，入清水中洗净血污，沥水后整成柳叶形待腌。

2. 干腌　用盐量为净鹅腿重量的 6％左右，按每 100 千克盐加入八角 30 克的配比放入锅中，用微火炒干，再充分碾细。将盐擦遍鹅腿，然后码放缸内叠压腌 8～10 小时。

3. 湿腌　将干腌好的鹅腿，出缸放入预先调配好的盐卤中，压上不锈钢丝网，上覆重物，使鹅腿全部浸入盐卤中，湿腌 8～10 小时。

盐卤的配制方法：卤有新卤和老卤之分。新卤是用去内脏后浸泡鹅体的血水，加盐煮沸澄清配成。在 50 千克血水中加盐 15 千克左右，放入锅中煮沸，使食盐溶解，并撇净血沫，澄清后倒入缸内冷却，根据缸容量按鹅火腿卤水配方先后加入拍扁的老姜、八角、葱入缸，使盐卤产生香味。腌过多次鹅腿的卤经煮沸、撇净血沫、澄清后称老卤，老卤越老越好。

4. 晾干、整形　把湿腌好的鹅腿出缸后用自来水冲洗表面盐水，然后用塑料绳结扎腿骨，吊挂在阴凉处风干，随着干缩每天整形一次，连整 2～3 次。整形主要是削平骨关节，剪齐边皮，挤揉肉面使鹅腿肉面饱满，形似柳叶状的火腿形。经 3～4 天的风干，转入发酵室，吊挂在架上保持距离，以便通风。控制室内温度和湿度，经 2～3 周的成熟发酵后即可下架堆放，然后包装成品（一般套袋后真空包装）。

# 三、扬州风鹅

风鹅的生产已有一百多年的历史，是扬州传统地方特产之一。风鹅中含有大量的氨基酸和不饱和脂肪酸，具有高蛋白、低脂肪、味道鲜美、口感香嫩、回味悠长的特点，是一种风味和营养俱佳的美食。

## （一）工艺流程

选鹅→宰杀放血→浸烫→去内脏→腌制→风干→熟制包装

## （二）配方

以 100 千克净膛鹅肉原料计：食用盐 5～6 千克，花椒 100～200 克，五香粉 100 克，亚硝酸钠 50 克。

## （三）操作要点

1. 选鹅　应选用健康无病、羽毛光洁、体格健壮，每只 2～2.5 千克的活鹅为原料。

2. **宰杀放血** 采用口腔刺杀法，放尽血液。

3. **浸烫** 煺毛机水温加热到 70～85℃，逐只把鹅放入，经去毛后用流动自来水清洗干净。

4. **去内脏** 在颈基部、嗉囊正中轻轻划开皮肤（不能伤及肉），取出嗉囊、气管和食管，在腹下剖开 10 厘米口，剥离直肠，取出包括肺在内的全部内脏。

5. **腌制** 把香辛料和 4% 食盐混匀，涂抹在鹅胴体的肌肉表面，干腌 2 小时，再用饱和食盐水湿腌 4 小时后取出沥干。

6. **风干** 用麻绳穿鼻，挂于阴凉干燥处，冬季经 7 天左右的风干即可。其他季节在 15℃ 左右的风干室内干燥。

7. **熟制包装** 为满足人们消费的方便，一般现代的风鹅加工向低盐方向发展、以熟制真空包装形式进入销售市场，常用的熟制形式有：

（1）采用蒸汽夹层锅预煮→真空包装→高温高压杀菌→常温流通销售。

（2）自动控温提篮煮制锅煮制熟化→真空包装→巴氏杀菌→急冷→冷藏→冷链流通销售，或煮制熟化→真空包装→微波杀菌→急冷→常温流通销售。

（3）自动控温煮制槽煮制自动流水线熟化→冷却→真空包装→巴氏杀菌→急冷→冷藏→冷链销售；或自动流水线熟化→微波保鲜增效剂处理→真空包装→微波杀菌→急冷→常温流通销售。

注：凡是用（1）法生产的产品因高温处理易产生罐头蒸煮味，影响风鹅应有的产品特色风味。用（2）、（3）法熟化，杀菌的产品易保持产品固有特色，风味不变。

# 四、腌鹅肫干

腌鹅肫（鹅的胃，亦称胗）干是以鹅肫为原料，经腌制风干的传统冬令美味。产品的特点是黑而发亮，味道鲜美，营养价值高，携带方便，易熟化，食用简便。

## （一）工艺流程

原料整理→腌制→晾晒、整形→贮存

## （二）操作要点

1. **原料整理** 从鹅肫一侧的中间用刀斜形剖开半边，充分刮去肫内面的黄皮和残留的食渣。用清水洗净内外，为了洗净肫内脏物和去除异味，可用少许食用盐轻轻揉搓肫内面，以擦去酸臭余物。如果清洗不干净，酸臭气残留在肫内，会影响最终成品的产品质量。

2. 腌制　按每 100 千克肫配食用盐约 7 千克，把肫洗干净后用食用盐充分拌匀后腌制，腌制过程中上压重物，期间翻动 1～2 次，经 12～24 小时即可腌透。腌好的产品及时取出，用清水洗净附着在腌制好的鹅肫上的污物以及盐中溶解下来的物质，用麻绳在肫边打洞穿起来，一般每 10 只一串。

3. 晾晒、整形　在日光下晒干，一般需晒 3～4 天，晒至 7 成干时取下鹅肫整形。整形的方法是把肫放在平整台面上，用右手掌后部压放在肫上，用力压扁搓揉数次，以使肫的两块较高的肌肉呈扁形为度。通过压扁、整形令鹅肫外形美观，使肫易干燥，便于运输。

4. 贮存　腌制好的成品应妥善储存，可晾挂在室内通风凉爽处保存，但晾挂时间最多为半年。也可压实覆盖保存于缸中，以减少水分蒸发和降低氧化速度。为延长储存时间，亦可装入塑料包装袋后真空封口，低温贮存。

# 第二节　酱卤制品加工

## 一、南京盐水鹅

南京盐水鹅是江苏省南京市的特产之一。盐水鹅是熟制品，腌制期短，加工季节不受限制，一年四季均可生产，可现做现卖。食堂、家庭也可制作，作为冷盘上席，很受欢迎。产品特点是色泽淡白，鲜嫩爽口，肥而不腻，味道清香，风味独特。

### （一）工艺流程

宰杀处理→擦盐干腌→抠卤→复卤→卤煮

### （二）配方

以 100 千克鹅坯计：食用盐 16 千克，葱 0.5 千克，姜 500 克，八角 500克，茴香 500 克。

### （三）操作要点

1. 宰杀处理　选用当年龄的肥仔鹅，宰杀拔毛后，切去翅膀和鹅掌，然后在右翅下弯月形开腔，取出全部内脏（含肺），冲洗干净血污后放入冷却水里浸泡 0.5~1 小时，充分除去体内残血，浸泡后挂起沥干水分。

2. 擦盐干腌 按全净腔鹅坯重的 16% 称取食盐，加少量茴香，微火炒干并研磨细。先取 12% 的盐放入鹅体腔内，反复转动鹅体使腹腔内全部布满食盐。其次把余盐在大腿下部用手向上摊抹，在肌肉与腿骨脱开的同时，使部分食盐从骨与肉脱离处入内，然后把掉落下的盐分别揉搓在鹅嘴和胸部两旁的肌肉上。擦盐后的鹅体逐只叠压入缸中腌制 12~18 小时。

3. 抠卤 干腌好的鹅只需用手指插入肛门逐一撑开，充分排出血水。

4. 复卤 抠卤之后将鹅只放入卤缸，从右翅刀口处灌入预先配制好的老卤，再逐一叠入缸中，用不锈钢片盖上，上覆符合卫生要求的重物，使鹅体全部腌在卤中（原料：卤液＝100：120）。根据鹅体大小和不同季节，复卤时间不一样，一般复卤时间为 16~24 小时，即可腌透出缸。出缸时要再次抠卤，排尽鹅腔体内盐水。

5. 卤煮 煮前先将鹅体挂起，用中指粗细 10 厘米左右长的芦苇管或竹管插入鹅的肛门，并在鹅肚内放入少许姜、葱、八角、然后用开水浇淋体表，再放在风口处沥干或烘干。煮制时将清水烧沸，水中加三料（葱、姜、八角），把鹅放入锅内，放时从右翅开口处和肛门管子处让开水灌入内脏。提鹅放水，再放入锅中，腹腔内再次灌入开水，然后再压上锅盖使鹅体浸入水面以下。停火焖煮 30 分钟左右，保持水温在 85~90℃。30 分钟后加热烧到锅中出现连珠水泡时，即可停止烧火，提鹅倒出鹅内腔水，再放入锅中灌水入腔，盖上锅盖，停火焖煮 20 分钟左右，即可出锅，提腿倒汤，待冷却后切块食用。食用时浇上煮鹅的卤汁，风味更佳。

## 二、酱 鹅

酱鹅产品色呈琥珀色，气味芬芳，口味甜中带咸，鲜嫩味美。

### （一）工艺流程

选鹅、宰杀→擦盐、腌制→卤煮→冷却、上色

### （二）配方

酱鹅（生产 50 只鹅用）卤水配方如下：食盐 3.75 千克，酱油 2.5 千克，黄酒 2.5 千克，白糖 2.5 千克，葱 1.5 千克，红曲米 375 克，八角 150 克，桂皮 150 克，姜 150 克，陈皮 50 克，丁香 15 克，砂仁 10 克，亚硝酸钠 3 克。

（三）操作要点（以加工 50 只鹅为例）

1. 选鹅、宰杀  选用质量在 2.1 千克以上的肉用鹅只为原料，经宰杀、放血、煺毛后，置于清水中浸泡半小时，再开膛取出全部内脏，冲洗干净，沥干水分备用。

2. 擦盐、腌制  将光鹅放入腌制用容器中，撒些盐水或盐硝水，每只鹅擦上少许盐，腔内也抹上少许盐（盐总量为鹅坯重的 3% 左右）。根据不同季节掌握腌渍时间，夏季一般为 1～2 小时，冬季可腌 2～3 小时。

3. 卤煮  预先按配方进行老汤调配。在卤煮前，先将老汤烧开，同时将各种香辛料加入锅内。先在每只鹅腔体内放 2～3 粒丁香，少许砂仁，再放入 20 克的葱结 1 个、生姜 2 片、1～2 勺绍酒，随即将全部鹅压放入沸汤内用旺火烧煮，同时加入黄酒 1.75 千克。煮沸后，用微火煮 40～60 分钟，当鹅的两翅"开小花"时即可出锅。

4. 冷却、上色  将出锅的鹅只盛放在盘中冷却 20 分钟后，在整只鹅上均匀涂抹特制的红色卤汁即为成品。

5. 卤汁制作方法  取用 25 千克老汤以微火加热熔化，再加火并在锅中放入红曲米（粉碎）1.5 千克、白糖 20 千克、黄酒 0.75 千克、姜 200 克，用锅铲在锅内不断搅动，防止锅底焦煳，熬汁的时间随老汁的浓度而定，一般烧到卤汁发稠时即可。以上配制的卤汁连续可供 400 只鹅使用。

# 三、潮汕卤水鹅

卤鹅是潮汕地区著名食品，是选用潮汕特产"狮头鹅"，采用潮汕传统卤味烹调方法制作而成，其主要特点是骨松、肉香嫩、骨髓香滑，是其他鹅种无法媲美的。

## （一）工艺流程

选鹅、宰杀→焯水→卤水制作→卤鹅→斩鹅→淋卤、作料

## （二）配方

潮汕卤水鹅的卤水（以配制 25 千克卤水计）配方如下：清水 25 千克，生抽 3 千克，老抽 3 千克，食用细盐 1 千克，猪肥肉 1 千克，鱼露 1 千克，生姜 500 克，青蒜 500 克，香菜 500 克，猪油 500 克，绍酒 500 克，八角 300 克，

大蒜头 300 克，冰糖 300 克，花椒 200 克，桂皮 200 克，五香盐 200 克，丁香 100 克，红曲米 50 克。

### （三）操作要点

1. **选鹅、宰杀** 选用体格健壮的当年龄仔鹅为原料，鹅只经充分停食供水后待宰。先用细绳捆住鹅脚，倒吊起，用手执紧颈后皮毛，使喉头凸起向刀口处，然后下刀三管齐断，宰杀放血。把血水放净后，投进预先调好温度的热水中搅拌、烫水拔毛，热水的温度约 70℃。先去脚膜，再从头向背、翅、腹尾顺序拔毛。洗净鹅只后开肚，取出全部内脏，洗净腔内血污。内脏单独清理干净后备用。

2. **焯水** 锅内加入清水烧开，分别投入洗净的鹅只和内脏焯水处理，要及时用流动自来水冷却，并洗净表面血沫，沥水待用。

3. **卤水制作** 将香辛料装入香料袋。肥肉切片，炸出猪油后弃渣留油。取大的不锈钢锅（工厂化生产一般用蒸煮夹层锅），倒入清水 25 千克、老抽、生抽、鱼露、冰糖、细盐，用旺火烧开后，放入猪油、生姜、青蒜、炸蒜头、芫荽和绍酒，放入香料袋煮开 20 分钟，便成卤水。卤水存放时间愈长则愈香。其保存方法：每天早、晚要烧沸一次（15℃以下的低温天气则每天只需烧开一次），烧开后，放在凉爽、通风、无尘的地方。香料袋一般 15 天换一次，每天还要根据用量的损耗，适当按比例加入生抽、鱼露、老抽、盐、糖、酒，每天卤制后，需将南姜、蒜头、青蒜、芫荽捞起，清除泡沫杂质。不能有生水混入，防止卤水变质。卤水上面的鹅油要保留用。

4. **卤鹅** 用五香盐抹匀鹅身内外，并用竹筷一段横撑在腹腔内，腌制 10 分钟，待卤水烧开，放入焯水后的光鹅烧沸后，改用中火。在卤制过程要将卤鹅吊起，离汤后，再放下，反复 3 次。卤制时间要看光鹅的老、嫩程度而定，大约煮 1.5 小时。并注意把鹅身翻转数次，使其入味。然后捞起，吊挂起来，待凉。

5. **斩鹅** 先将鹅颈连头斩去，鹅头对开斩成 6 块，鹅颈斩成每段约 5 厘米长，再斩成 4 瓣。取下鹅翅、鹅脚（即鹅掌），鹅翅斩成 5 厘米长段，在骨与骨之间切成二段。鹅掌从爪缝隙间用刀连筒骨斩成两瓣，筒骨与爪之间再斩断。斩鹅身，腹朝上从腹肚下刀，斩成两瓣后去胸骨、脊骨，按横纹斩件。腿肉去两大骨，按直纹斩件。

6. **淋卤、作料** 将卤水表面鹅油捞起，放入镬中加热去水分，盛起。取清水加入卤汤（因卤汤偏咸），放入蒜头粒、芫荽、红辣椒、生姜片煮5分钟，捞去各料，过滤后，加入鹅油、麻油，即成淋卤，淋在鹅肉上面，也可用小碗盛装配上芫荽扮边。蒜头剁成泥，加入白醋、红辣椒末及少许白糖，即成作料，俗称蒜泥醋。

7. 鹅内脏　鹅内脏也是佳肴，如氽鹅肠（将鹅肠放入开水中，即氽即起，用卤汤拌匀，斩段。其特点：爽香）、卤水鹅肝、鹅肾、鹅血等。

# 第三节　熏烧烤制品加工

## 一、广东烧鹅

烧鹅是粤菜中的一道传统名菜，它以整鹅烧烤制成。成菜色泽鲜红，鹅体饱满，且腹含卤汁，滋味醇厚。将烧烤好的鹅斩成小块，其皮、肉、骨连而不脱，入口即离，具有皮脆、肉嫩、骨香、肥而不腻的特点。若是佐以酸梅酱蘸食，更显风味别具。

粤菜烧鹅以广东出产的优质鹅种"乌鬃鹅"制成。此鹅生长期短，体型适中，肉厚骨小，肥腴鲜美，是制作烧鹅的绝佳原料。当然，其他品种鹅也可制作烧鹅。

### （一）工艺流程

选鹅和配料→制坯→烤制

### （二）配方

广东烧鹅配方（以100千克鹅坯计）如下：麦芽糖液1.2千克，食用细盐4.5千克，白糖900克，豆瓣酱500克，蒜头500克，油500克，五香粉400克。

### （三）操作要点

1. 选鹅和配料　选用经过育肥的清远黑鬃鹅（又名乌棕鹅）为好，因为这种鹅体肥肉嫩，骨细而柔。应选用日龄为90天左右、体重为3.5千克左右的肥嫩仔鹅，且鹅体表面无淤血。配料按每100千克鹅坯计算，五香粉盐的配制数量是：五香粉400克、精盐4千克，将两者混合调匀。麦芽糖溶液的配制比例是，每1千克凉开水中调入200克麦芽糖充分搅匀。

2. 制坯　活鹅宰杀、放血、去毛后，在鹅体的尾部，开直口，取出内脏，并在关节处除去爪和翅膀，清洗干净，擦干水制成鹅坯。然后在每只鹅腹内放进五香盐粉 1 汤匙，或者放进酱料 2 汤匙，并使之在体腔内均匀分布，用特制不锈钢针将刀口缝好，以 70℃ 的热水烫洗鹅坯，再把麦芽糖溶液均匀涂抹到鹅体外皮，晾干。

3. 烤制　把已经晾干的鹅坯送进烤炉，鹅背先用微火烤 20 分钟，将鹅身烤干，然后将炉温升高至 200℃，转动鹅体，使胸部向火口烤 25 分钟左右，就可出炉。在烤熟的鹅身上涂抹一层花生油，即为成品。

## 二、广东烧鹅脚扎

鹅脚扎是广东烧腊制品中著名的花色品种之一，产品具有色泽鲜艳、外形美观、甘香爽滑、味美可口的特点。烧鹅脚扎适宜于随买随吃，用刀切块，摆在碟中，食用方便。

### （一）工艺流程

备料→制作腌料→腌制→烤制

### （二）配方

鹅脚 100 只，白糖 3.2 千克，生油 2 千克，猪肥肉 1.5 千克，食用细盐 1 千克，鹅肠 1 千克，鹅肝 750 克，猪油 700 克，姜汁 200 克，麦芽糖 100 克，南腐乳 5 块。

### （三）操作要点

1. 备料　烧鹅脚扎以鹅脚、猪肥肉、鹅肝、鹅肠为原料。将鹅的脚、肠及肥猪肉先用水煮熟，脚最好去骨，肝则利用烧制的卤汁卤熟。每 100 只鹅脚掌用肥肉 1.5 千克、鹅肝 750 克，均切成长方形的片，肉每片约 10 克，肝每片为 5 克。

2. 制作腌料　以上原料按配方用白糖、盐、生油、猪油、南腐乳、姜汁搅匀备用。

3. 腌制　按每只鹅脚掌一片肥猪肉、一片肥肝搭配，用鹅肠扎好，放进已搅匀的腌料中。腌制约 30 分钟。

4. 烤制　腌制后用排环穿上，在炉中烤 15 分钟（炉温掌握在 250℃ 左右）

后，取出后淋上麦芽糖溶液（按每 1 千克凉开水均匀调入麦芽糖 200 克配比，用量根据实际需要），即为成品。

# 三、烤　鹅

烤鹅产品表面色泽红润，口感皮脆肉香，肥而不腻，鲜美适口。产品以出炉稍凉后即食用最佳。放置时间过长，其色、香、味、形均有变化，产品口感质量有所下降。

## （一）工艺流程

选鹅→宰杀制坯→烤前处理→挂糖色、晾皮→烤制

## （二）配方

以 100 千克鹅坯计：精盐 4 千克，酱料 2 千克，麦芽糖 400 克，五香粉 400 克，葱 200 克，八角、姜、葱适量。

注：酱料由豆瓣酱、蒜头、油、盐、糖等调制而成。

## （三）操作要点

1. 选鹅　选用经肥育的当年龄仔鹅为原料，以 2 月龄、活体质量在 2.3～3.0 千克的肉用仔鹅为佳，最好是体肥肉嫩、适用于烧烤的品种。

2. 宰杀制坯　按常规方法宰杀、放血、烫毛、煺毛，右翅下开弯月口净膛，去翅尖、小腿，用清水浸泡洗净，沥干水分。也可以将鹅宰杀放血、煺毛后，沿鹅体的肛门直肠部旋开口，取出全部内脏，用水洗净鹅体，并在关节处切除脚和翅膀，制成鹅坯。

3. 烤前处理　在每只鹅坯腹腔内放五香粉和盐混合物 1 汤匙，或放进酱料 2 汤匙，并使其在体腔内分布均匀，再用针将刀口缝合好。用 100℃ 的沸水浇淋，使皮肤和肌肉绷紧，可以减少烤制时脂肪流失，也可使烤鹅皮层酥脆。

4. 挂糖色、晾皮　浇挂糖色以 1 份麦芽糖加 6 份水的比例，在锅内烧成棕红色。用此糖色均匀浇淋鹅体全身，这样不仅使烤鹅呈枣红色，而且增加皮层酥脆性。挂好糖色的鹅只要充分风吹晾干。

5. 烤制　将晾皮鹅只挂入炉内，炉温保持在 230～250℃，先把刀口侧向火，以利高温使体腔内汤水汽化。当呈黄色时，再把另一侧转向火，烤至鹅体全身枣红色。一般活体质量 2.5 千克的鹅胴体需烤 1 小时左右，当体腔内的汤

水清亮透明、呈白色，并出现有黑色凝血块，说明已熟透。产品出品率70%
左右。

## 第四节　油炸制品加工

### 一、香酥鹅胕

香酥鹅胕是深受广大消费者欢迎的方便食品，产品制作方便，通常批量生
产成冷冻半成品在市场流通。消费者只需完成最后一道油炸工序即可食用。

**（一）工艺流程**

选翅→调卤→卤煮→涂糊料→油炸

**（二）配方**

以10千克鹅翅为原料，香酥鹅胕（即鹅翅）卤水配方和香酥鹅胕涂糊料
配方如下。

1. **香酥鹅胕卤水配方**　水15千克，黄酒400克，酱油400克，白糖200
克，食盐200克，葱100克，花椒粉100克。

2. **香酥鹅胕糊料配方**　鸡蛋650克，面粉630克，水400克，油300克，
糖150克。

**（三）操作要点**

1. **选料**　选取鲜鹅翅为原料，沿自然关节下刀分割成三节，洗净、沥干
待用。

2. **调卤**　按鹅翅10千克（约100个），清水15千克，姜末适量，按香酥
鹅胕卤水配方，用黄酒、精盐等调卤，将卤烧开。

3. **卤煮**　放入鹅翅，先大火煮沸约20分钟，再转入微火焖煮30分钟，
捞出冷却。

4. **涂糊料**　按香酥鹅胕涂糊料配方的涂料配比，将糖、油、面粉、鸡蛋、
水混合均匀。将煮好的鹅翅放入糊料，涂上薄层后，撒上面包渣或馒头渣。生
产冷冻半成品在完成本工序后，将产品速冻后包装冷藏。

5. **油炸**　锅中倒入植物油加热，升温至160～180℃，放入鹅翅油炸，边
炸边翻动，至额翅表面酥脆、呈橘黄色即可出锅。一般油炸时间4～5分钟。

6. 包装 香酥鹅腓以现炸现吃最为适宜，也可用无毒塑料袋真空包装，是很受消费者欢迎的方便食品。

# 二、香 酥 鹅

香酥鹅制作简便，家庭、餐厅、工厂均可便捷生产。产品颜色金黄，香酥可口，风味独特。

## （一）工艺流程

选鹅、宰杀→制坯→蒸煮→油炸

## （二）配方（以加工一只 3～3.5 千克重仔鹅计）

植物油 2.5 千克，黄酒 25 克，葱 20 克，生姜 18 克，八角 18 克，桂皮 18 克，茴香 18 克。

## （三）操作要点

1. 选鹅、宰杀 选用 3～3.5 千克重的健康、体壮肉用仔鹅为原料，经宰杀、放血、煺毛后，置于清水中清洗、浸泡干净。

2. 制坯 鹅只宰杀、去毛、洗净后，在右肋翅下切开 6～8 厘米长的口，取出全部内脏。用剪刀戳破眼球，排尽内液。洗净腹腔，沥干。然后，用混拌有花椒的食盐擦抹鹅坯全身各部，先擦腹腔，再抹外表，擦至盐溶化为止。

3. 蒸煮 为避免蒸后鹅皮肤收缩被骨顶破，应先将鹅胸部龙骨用力扭断。然后将鹅坯腹部向上放在蒸煮容器中。按配方表配料，自开口处加入葱、生姜、黄酒和装有八角、茴香、桂皮等原料的布袋。鹅坯连同容器一并放入蒸笼内，用旺火蒸煮至八成熟，取出倒净腹中的汤汁，取出香料袋，晾干水分待用。工厂化生产一般以蒸柜蒸煮。

4. 油炸 将深口铁锅置于旺火上，加入足量植物油，烧至八成热（冒青烟）。将鹅坯腹部向上放在大漏勺上，和勺一起送入热油锅中炸，边炸边轻轻抖动漏勺，以防坯勺粘连。炸至鹅坯能漂浮于油面，取出漏勺，鹅坯继续留在锅内，边炸边用汤勺盛沸油浇淋在鹅坯露出油面的一侧，待炸至鹅坯呈金黄色、皮脆后再翻转炸另一侧，至整个鹅坯变脆、敲之有清脆声时即可捞出，倒出腹油。炸时要用旺火，尽量缩短油炸时间，以免鹅坯汁液蒸发太多，降低风味。工厂化生产以连续式油炸机完成。

# 三、脆皮鹅

## （一）工艺流程

选鹅、宰杀→预处理→制卤→卤煮→上脆皮液→油炸

## （二）配方 （脆皮鹅卤水配方）

以 8 千克鹅坯计：清水 8～10 千克，食盐 250 克，冰糖 200 克，白酒 100 克，茴香 20 克，草果 20 克，花椒 20 克，八角 20 克，桂皮 20 克，味精 20 克，陈皮 15 克，丁香 15 克，生姜 10 克，胡椒粉 5 克。

## （三）操作要点

1. 选鹅、宰杀　选用 3～3.5 千克重的健康、体壮肉用仔鹅为原料，经宰杀、放血、煺毛后，置于清水中清洗浸泡干净。

2. 预处理　鹅只宰杀、煺毛、洗净后，在其右肋翅下切开 6～8 厘米的口，取出全部内脏。用剪刀戳破眼球，排尽内液，以防油炸时眼球爆裂而使油溅出烫伤人。洗净腹腔，沥干，将鹅坯放入沸水中，翻动焯水至鹅肉呈白色，除去血水，捞出、入清水中洗净、沥干。

3. 制卤　按脆皮鹅卤水配方表，将八角、茴香、陈皮、草果、丁香、桂皮、花椒、生姜等各物料称量好，再用布袋包好放入锅中，加清水、冰糖、盐、味精、白酒、胡椒粉，旺火煮沸卤汁 1 小时。

4. 卤煮　取出香料袋，将鹅坯投入卤汁锅内，上压重物，防鹅坯浮起。加盖，旺火卤至鹅坯五成熟，取出沥干卤汁（卤汁留下可继续使用）。

5. 上脆皮液　用不锈钢钩勾住鹅眼，吊挂在架上，将脆皮液均匀涂抹在鹅坯上（不宜过厚，以盖住鹅坯毛孔即可），放在通风干燥处，经 3～4 小时鹅皮变干变硬即可，也可风吹干。如有的部位未变干硬，可在小火上烘干（脆皮液制法：先用 150 克沸水将 200 克麦芽糖溶化，再与 600 克白醋、80 克大红浙醋及 50 克黄酒搅拌均匀，即成。也可将麦芽糖放入不锈钢桶中，分别倒入白醋、大红浙醋、花雕酒和清水，然后以微火加热至麦芽糖溶化，搅匀即可。）

6. 油炸　取适量植物油加入锅中，加热油至六成热，将鹅腹向上置于油锅上的漏勺中，用汤勺盛油先浇淋腹腔内部（由肛门切口处灌入）反复多次，后浇外部，至全身呈金黄色、皮肤酥脆为止。浇油切忌反复频繁集中在一个部位，且油温不宜太高，以免烧焦鹅的皮肤。

7. 成品　真空包装后销售。

## 第五节　其他制品加工

### 一、烤鹅罐头

将鹅肉加工成罐头制品，既方便鹅肉流通，提高经济价值，又可满足人们生活的多样化需求。

#### （一）工艺流程

验收→解冻→初加工整理→焯煮→涂上色液→油酥→切半、焖煮→切块→灌装→排气密封→杀菌冷却→擦罐入库

#### （二）配方

以 100 千克鹅肉计算，烤鹅上色液配方及烤鹅配料液配方如下：

1. 烤鹅上色液配方　转化糖 200 克，焦糖 100 克，酒精 50 克（注：转化糖是用砂糖 80 克，柠檬酸 0.9 克，清水 200 克，加热至 70℃保温制成）。

2. 烤鹅配料液配方　白糖 18 千克，黄酒 10 千克，白酱油 10 千克，鹅汤 5 千克，酱油 5 千克，精盐 4 千克，味精 2 千克，生姜 1 千克，葱 1 千克，桂皮 1 千克。

#### （三）操作要点

1. 验收　应选用经严格检验合格的健康无病、体型饱满、单体重 3 千克以上的鹅只，经宰杀、放血、开膛、清除内脏、胴体冲洗、沥干后使用。工厂生产通常以经检验检疫合格的冷冻全净膛鹅为原料。冻鹅单体重在 2.5 千克以上。

2. 解冻　原料自冷库领出需解冻完全后才能投入生产加工。

（1）冷冻鹅解冻通常采取自然解冻或喷淋水解冻，解冻室温度应控制在 20℃左右，解冻时间为 8～10 小时，解冻过程中应适当翻动冻鹅，且在操作时做到轻拿轻放，防止弄破表皮，从而达到解冻均匀。解冻好的鹅只要逐只检查，剔除遭受污染、破皮、放血不净、淤血严重、过瘦等不适宜加工的鹅只。

（2）解冻应分批进行，做到先解冻的鹅只先初加工。

（3）解冻应适度，以内膛略带冰冻为好。淋水解冻时，喷淋只能间歇地进

行，为避免大量营养物质流失和影响产品外观，不允许将鹅只直接浸泡在喷淋水中解冻。

3. 初加工整理

（1）用温水刷洗净解冻好的鹅表皮污物。

（2）沿鹅脊骨对开洗净外表油污的鹅只。

（3）将对开后的鹅斩去头，留下 5～10 厘米长的颈，沿着膝关节割下鹅爪，割除尾部或除去鹅膻体、翅尖（约 1 厘米），扒除残余内脏和气管、食管、肺、肾等。修剪去除肛门及鹅体黑皮、血筋等，取下另行处理。

（4）用拔毛钳将所有的绒毛、血管毛尽量去除干净，并拔除粗毛根。

（5）将整理好的鹅在流动温水中彻底清洗干净，去除泥沙及血块、油污等。

4. 焯煮　把初加工整理好的鹅只投入蒸汽夹层锅中预煮（注意沸水下锅）约煮 50 秒，每次下锅不宜超过 10 只，每预煮 5 锅换一次锅内清水。焯煮后鹅只及时入流动清水中冲洗干净，沥干备用。

5. 涂上色液　焯水沥干的鹅需用纱布逐只在表皮上均匀涂上一层上色液，内脏不需涂。一般上色两遍，第一遍稍干后上第二遍。上色液配方为：食用酒精 100 克、焦糖 200 克、转化糖 400 克。其中转化糖是用砂糖 160 克、柠檬酸 1.8 克、清水 400 克，经 20 分钟的 70℃加热保温，再冷却至常温而制成。

6. 油酥　把上色后晾干表皮的鹅逐只投入油温 180～185℃的油中油炸 1～1.5 分钟，炸至表面呈酱色为止（鹅下锅只数要严格控制，每分钟不宜超过 4 只，需逐只下锅，严禁一起倒入锅中），若出现油温下降，要及时停止油炸，待温度达到后再继续。一般油炸后产品收得率为 82%。为避免产生焦苦味，油炸过程中要勤捞油中碎屑。现工厂一般使用连续式油炸机，自动控温、自动过滤油中碎屑等。

7. 切半、焖煮　沿鹅胸中线对半切开油酥后的鹅，去净残存的血管杂碎后备用。在夹层锅中加水 120 千克、拍碎或切碎的生姜 1 千克、桂皮 1 千克、葱 1 千克（以上香辛料装入纱袋后放入），烧开料水后加入鹅肉 100 千克预煮 20 分钟（水再沸时开始计时，气压维持在 $9.8 \times 10^4$ 帕）后出锅。

8. 切块　对焖煮后的片鹅块逐片检查，拔除干净所有残存的毛根。将焖煮后的鹅切下脖颈再切成 5～7 厘米见方的块状，把翅段再切成两段，颈切成 5 厘米长的小段待装罐。

9. 灌装

（1）产品装罐前需预先配制好调味液。

配料是按每 10 千克焖煮后的鹅汤中调入：酱油 10 千克，白酱油 20 千克，精盐 8 千克，白糖 36 千克，黄酒 20 千克，味精 400 克。

配汤方法：将以上配料放入夹层锅加热煮沸 10 分钟（黄酒、味精出锅时调入），过滤，保温（70℃左右）备用，汤汁含盐量为 12% 左右。

（2）装罐　采用马口铁罐，装罐前应对空罐及罐盖检查、清洗，经沸水消毒，沥干后备用。装罐时，每罐应均匀搭配胸脯肉与腿肉，每罐允许搭配鹅颈、翅膀各一块，在无脖颈的情况下，一罐内可装两块翅膀，但一罐内不允许有两块脖颈。装罐时肉块应平放罐内，罐底的皮朝下，罐面的皮朝上。

注意：装罐时要力求避免鹅骨擦伤壁，尽量减少肌肉与马口铁接触，应使皮肤面与罐底盖接触。

10. 排气密封　采用加热排气，温度 90～98℃，时间 15 分钟。真空封口，真空度为 0.06 兆帕。

封口后用洗罐液洗净罐外壁油污，再用温水冲净洗液，以免碱腐蚀罐壁，并逐只检查封口质量，剔除不合格品。

11. 杀菌冷却

杀菌式：20 分钟—90 分钟—20 分钟（升温—恒温—降温）/121℃，反压冷却（压力 147 千帕）

恒温结束，降温要均匀缓慢，以免外压下降过快，使罐内外压力失去平衡而造成突角，冷却至 40℃左右，趁热擦罐，检验、入库保存。

# 二、苏州糟鹅

糟鹅是江苏苏州著名的风味冷制品，相传已有百年历史。其制作工序十分讲究，是以闻名的太湖白鹅为原料糟制而成，是苏州夏令畅销食品之一。每年 5 月上旬开始加工和上市供应。产品特点是皮白肉嫩、味美爽口、香气扑鼻，翅、爪各有特色，别有风味。

## （一）工艺流程

选鹅宰杀整理→熟制→冷却预处理→糟卤制备→糟制

## （二）配方

全净膛太湖白鹅 250 千克（100 只），黄酒 6 千克，陈年香糟 5 千克，葱 3

千克，盐 3 千克，酱油 1.5 千克，花椒 1.5 千克，大曲酒 500 克，姜 400 克。

### （三）操作要点

1. **选鹅宰杀整理** 选择单体重 3 千克左右的健康太湖白鹅，将其按常规方法宰杀、净膛，清洗干净，将全净膛白条鹅放入冷却清水中浸泡 1 小时后取出，沥干水分备用。

2. **熟制** 将整理后的鹅坯放入沸水锅，用旺火煮沸，除去浮沫，随即加葱 500 克、生姜 50 克、黄酒 500 克，再用中火煮 40~50 分钟后起锅。

3. **冷却预处理** 鹅体出锅后，在每只鹅身上抹些精盐，然后沿鹅胸正中劈开成两片，斩下头、爪、翅，一起放入经过消毒的容器中约 1 小时，使其冷却。锅内原汤撇去浮油，再加酱油 750 克、精盐 1.5 千克、香料袋（内放青葱 1 千克、切碎的生姜 150 克、花椒 25 克）烧开，倒入另一容器冷却。

4. **糟卤制备** 取香糟 2.5 千克、黄酒 2.5 千克，先用黄酒把香糟化开后倒入盛有原汤的另一容器中，充分拌合均匀即可。

5. **糟制** 用大糟缸一只，将冷却的原汤倒入缸内，然后将鹅块放入，每放两层加些大曲酒，（做到放满后所配的大曲酒正好用完），并在缸口盖上一只带香糟汁的双层布袋，袋口比缸口大一些，以便将布袋捆扎在缸口。袋内汤汁滤入糟缸内，浸卤鹅体。待糟液滤完后立即将糟缸盖紧，焖 4~5 小时，即为成品。

6. **成品** 成品糟制鹅皮白肉嫩，香气浓郁，既可在 4℃条件下保藏，也可包装鲜销。

## 三、鹅肥肝酱罐头

鹅肥肝是在鹅生长发育基本结束后，采取人工强制育肥的方法，使鹅的肝脏在短期内大量积贮脂肪等营养物质。鹅肥肝富含铜、三酰甘油、卵磷脂等营养成分。鹅肥肝酱是以鹅肥肝为原料加工而成的食品，它几乎完整地保留了鹅肥肝的营养成分，鹅肝酱最常见的吃法是生吃涂抹法，就像吃果酱一样，把它用刀涂抹在面包片上食用。

### （一）工艺流程

原料鹅肝验收入库→解冻→冲血→掰肝→配料→打浆→灌装→水煮→冷却→质检出厂

## （二）配方

鹅肥肝 8.8 千克，葵花子油 400 克，洋葱 400 克，五香粉 200 克，精盐 150 克，鲜姜 50 克，酪蛋白 50 克，曲酒 50 克，白糖 50 克，味精 10 克，香油 10 克，胡椒粉 5 克。

## （三）操作要点

1. 原料鹅肝验收入库　原料肝入库前必须进行"三证"检查，即供货商及运输单位必须向加工厂提供《动物产地检疫合格证明》、《动物及动物产品运载工具消毒证明》和《药残检验合格单》。这三个证件都是由动物防疫检验部门签发，用以证明这些原料肝在加工、运输过程中手续合格。在"三证"检查合格后，加工厂还需对原料肝进行感官检查，必要时还要辅以实验室检查（微生物、理化）。

感官检查主要是指对鹅肥肝组织状态和外在颜色等感官指标进行系统的观察。首先，观察鹅肥肝的外表有无损伤。如果有损伤，则原料感染病菌的可能性非常大，应拒收。然后，观察鹅肥肝外表颜色是否正常，正常色泽为浅黄。如果肝部已经变色，应拒收。

2. 解冻　为了便于运输，保证鲜肝的质量，一般来说，从厂外引进的原料肝为速冻肝。那么加工前首先要将冻肝解冻。

解冻方法为：将冻肝整齐摆放于解冻架上，放入预冷间，预冷间保持 0～4℃，任其缓慢解冻，解冻时间要保持 20 小时以上，使肥肝全部融化，恢复到鲜肝状态。为防止脂肪和水分的流失，冻鹅肝不宜做高温快速解冻。

解冻后，要检查鹅肥肝是否完全解冻，方法是用手分别拿捏鹅肥肝的中心和四周部位，如果手感松软，无坚硬处，则表明已经完全解冻。如果各部分组织有坚硬处，则表明解冻不充分，需要继续解冻，直到完全解冻。

3. 冲血　为避免影响肥肝酱的色泽，解冻后的肥肝需及时冲血。冲血就是用水冲去鹅肥肝表面的血迹和污物。在对鹅肥肝进行冲血前，要先去掉鹅肥肝的外包装，将肥肝放入清洗池里，水温 0～4℃，人工洗净表面的血迹和其他附着物，一般采取少量多次的方法。

4. 掰肝　为避免影响鹅肥肝酱的色泽和品质，冲血后的肥肝要进行手工掰肝，掰肝就是要把整个肥肝掰碎。在掰的过程中要去掉肥肝碎块里夹杂的血筋、油脂，还要把大血块也去掉。一定要去除干净。掰肝完毕就可准备打浆了。

5. 配料　为了提高肥肝酱的风味和增加稳定性，打浆前还要在肥肝中加入一些辅料。肥肝酱的辅料按配方进行。

6. 打浆　打浆就是用打浆机把原料和配制好的辅料粉碎成稠糊状。打浆使用的设备是肉食品专用打浆机。打浆前要用 2℃ 的清水对打浆机进行清洗降温，防止打浆机内部温度过高而造成脂肪流失。打浆机清洗完成以后，就可以向打浆机内添加原料了。原料要填得适量，不要填得过满，以避免在打浆过程中由于原料过满而溢出。原料填好后，开动打浆机。在打浆过程中，要把配好的辅料按比例均匀地撒在原料上，使原料和辅料被粉碎成均匀的稠糊状，这时，打浆就完成了。接下来就可从打浆机中取出，送去灌装了。

7. 灌装　鹅肥肝酱应在无菌条件下进行灌装封口。灌装所使用的包装应符合食品包装安全卫生标准。包装完的成品还要送去水煮车间进行水煮。

8. 水煮　鹅肥肝在加工过程中，由于酶的活性提高和微生物的污染，在以后的存放过程中极易变质。因此，罐装完的产品要经过高温蒸煮，高温蒸煮有利于抑制酶的活性和微生物的繁殖。具体方法为：把灌装好的肥肝酱放入四周布满漏孔的水煮箱内，用提升机把水煮箱放入水煮池内进行高温蒸煮，水温为 85～95℃，水煮时间大约为 2 小时。

9. 冷却　在水煮工艺中，高温会使鹅肥肝中的脂肪融化，直接影响到鹅肥肝酱的品质。因此经过水煮的鹅肥肝酱应立即放入冷却池冷却。冷却池水温为 0～4℃，冷却时间为 30～40 分钟。冷却后，还要把产品放置于预冷间 12 小时以上，预冷间温度为 0～4℃。预冷完成后就可以进行产品抽样质检。

10. 质检出厂　产品抽样质检分为两种，一种是观察产品的色泽与外形，另一种是化验产品的营养成分。肥肝酱色泽与外形：打开包装后，表面有一层 1 毫米厚的白色油脂层。油层下的鹅肝酱呈灰黄色，质地细腻柔软。品尝时味道鲜美，咸淡适中，香味浓郁。产品抽样检验合格后，经包装，冷藏、保鲜后就可以出厂。

11. 成品　产品抽样质检完成以后，要进行称重、标贴。成品要及时放入 -35℃ 的冷库内存放。

# 第七章

# 禽副产品综合利用 >>>>>

## 第一节 羽绒的加工利用

### 一、羽绒的采集与初加工

**(一) 羽绒的采集与晾晒**

1. **采集季节** 羽毛一年四季都有生产。冬、春两季产量高，毛绒整齐，含绒量多，质量好；夏、秋两季产量低，含绒量少，质量较差。各季所产羽毛的特征如下：

(1) **冬季毛** 一般是指在十一月至翌年二月产的毛。两翼翅梗和毛片尖端完整，羽轴头圆，绒朵毛片大，血管毛很少，质量很好。

(2) **春季毛** 一般是指在三月至四月产的。两翼翅梗中有枫梢翎、尖翎和刀翎，其尖端有磨损，不整齐，俗称沙头。成年鹅的胸部有黄锈一块，俗称黄头子（也称黄头羽毛），绒朵丰满、整齐，含绒量与冬毛基本相同，但毛片尖端不完整。

(3) **夏季毛** 一般是指在五月至七月产的毛。两翼翅梗、尖端整齐，羽轴根端毛管凹瘪，内含血筋，毛片大小、长短不一，血管毛多，绒朵显著减少，俗称阳伞柄。

(4) **秋季毛** 一般是指在八月至十月产的毛。两翼翅梗及毛片尖端整齐，羽轴头圆，羽绒大小不一，有部分血管绒及少量血管毛。

2. **采集方法** 羽毛的采集多为手工拔毛。现将手工拔毛方法介绍如下：

(1) **干拔毛** 将家禽宰杀后，在血将流尽、身体未凉时拔毛。如血完全流干，禽体僵直，毛囊紧缩，拔毛时容易将羽毛和禽体损坏。拔毛时，先拔绒毛，再拔翅羽及尾羽。这样拔下来的绒毛色泽好，洁净，杂质少，品质较好，尤其是在生产白鹅、鸭毛的地区，更应推广这种方法。

(2) **湿拔毛（湿推毛）** 家禽宰杀后，放入热水中浸烫一二分钟后取出。拔掉（或推掉）全身羽毛。这个方法比较简单，但要掌握好水的温度和浸烫时间。如果水温过高，或浸烫时间长，会使毛绒卷曲、抽缩，降低羽毛质量。

3. 晾晒　湿毛必须及时晾晒，否则，时间一长，就会发霉、变色，甚至腐烂。晾晒时，场地要打扫干净，最好把湿毛放在草席上或竹筛上，且要摊放得薄而均匀，按时翻动，避免混入杂质。晾干后要及时收起来。

4. 贮藏　为了避免羽毛腐烂和生虫，羽毛贮藏时应注意以下几点：

（1）已晒干的羽毛应放在干燥的库内，并要经常检查是否受潮、发霉和发出的特殊气味等，如有此现象应重新晾晒。

（2）遇到阴天大风等情况不宜晾晒时，应将羽毛散开放在室内，切勿堆在一起。

（3）应安排专人负责收集、晾晒、保管等工作。

## （二）鸡、鸭、鹅毛的区别与鉴别

### 1. 毛的种类辨别

（1）鹅毛和鸭毛的区别　鹅毛分天鹅毛、白鹅毛、灰鹅毛、雁毛等，毛片的形态基本相同，仅是大小之别（天鹅毛较大），毛片的稍端一般宽而齐（俗称方圆头），羽毛光泽柔和，轴管上有一簇较密而清晰的羽丝，羽轴粗，根软。鸭毛毛片稍端圆而略带尖形，轴管上的羽毛比鹅毛稀疏，羽轴较细，轴根细而硬。

（2）鹅绒和鸭绒的区别　鹅绒一般比鸭绒大，鸭绒血根较多。野鸭的绒小，绒丝丰密，脂肪较多，有黏性，能粘连成串。

（3）鹅、鸭毛和鸡毛的区别　鸡毛羽轴比鸭毛的粗直、坚硬，略呈弧形，管内有较密的横罗纹，轴根较尖。鸡毛轴管上的羽丝一般比鸭毛的大，紧密，光泽好。

（4）鹅、鸭绒和鸡绒的区别　除鹅、鸭、雁绒作羽毛绒子收购外，其他绒子，如鸡、鹰、雕、鹤、鹭鸶、鸳鸯等的，一律按乱鸡毛收购。因此，对鹅、鸭绒和鸡绒等要能正确识别。鹅、鸭绒的绒丝疏密均匀，同垛内的绒丝长度基本相同，结成半环状，光泽差，弹力强；鸡绒的绒丝发达，有黏性，使绒丝互相粘连，有亮光，弹力差，用手搓擦成团并捏紧，松开后绒子舒张很慢。

### 2. 品质鉴别　羽毛收购有两种计价方式：一是以绒计价，一是按生产季节分别计价。冬、春毛一个价，夏、秋毛一个价。因此，鉴别品质时，主要是看绒子含量，有无掺杂，是否有虫蚀、霉烂和潮湿等。

（1）绒子的含量　检查绒子含量的方法，通常是抓一把毛向上抛起，在毛下落时观察，并确定毛、绒含量。

（2）确定杂质的含量　杂质是指羽毛中所含有的各种杂质，包括掺有使用过的旧鹅、鸭毛及鹅、鸭、鸡毛的混杂。确定杂质含量的方法是取一把羽毛，用手搓擦，使毛蓬松，然后抖下杂质，确定含量。旧鹅鸭毛的羽片和下部的羽丝光亮，似鸡毛，已失去弹性，毛弯曲成圆形，应折价收购并分别存放、分别包装；鹅毛、鸭毛中含鸡毛，或白鹅毛中含黑头、深黄头等超过规定的，应按杂质扣除。

3. 检查是否有虫蚀、霉烂和潮湿　凡毛绒内有虫便，或毛片呈现锭齿形，手拍时有飞丝，即证明已被虫蚀。严重时毛丝脱落，只剩下羽轴，失去使用价值，不得收购；比较轻的，对毛质影响不太大的，可以收购，但应单独存放。霉烂毛有霉味，白鹅鸭毛变成黄，灰鹅鸭毛发乌。严重时，毛丝脱落，羽面糟朽，用手一捻，即成粉末。毛绒受潮后，毛堆发死，不蓬松，轴管发软，严重的轴管中会有水泡，手感羽轴软、无弹性。

## （三）羽毛绒的初加工（未水洗羽毛绒的加工）

羽毛绒的原料毛来自四面八方，由于生产季节、地区和鹅鸭品种以及采毛方法的不同，绒子有多有少，毛片有长有短，品质上有很大差异。因此，羽毛绒必须经过加工整理，清除翅梗，去掉杂质，才能成为用于生产各种羽绒制品所需的羽毛和羽绒。

1. 未水洗羽毛绒的加工整理要求　关于未水洗羽毛绒，国家商品检验局制定了几种主要的规格标准。现简述如下：

（1）标准毛　俗称净货。白鹅毛和白鸭毛的标准相同，规定绒子为18%，幅差为±1%，毛片70%左右，杂质、鸡毛、薄片、黑头为11%～13%。灰鹅毛和灰鸭毛标准相同，规定绒子为16%，幅差为±0.5%，毛片70%左右，杂质、鸡毛、薄片为13%～15%。

（2）规格绒　凡含绒量超过30%的称为规格绒。规格绒有30%、40%、50%、60%、70%、80%等。其余为毛片，绒子幅差为±1%。

（3）中绒毛　白鹅鸭毛，凡含绒量在17%以上，30%以下者为中绒毛。灰鹅鸭毛，凡含绒量在15%以上、30%以下者为中绒毛。

（4）低绒毛　白鹅鸭毛，凡含绒量在1%以上、17%以下者为低绒毛。灰鹅鸭毛，凡含绒量在1%以上，15%以下者为低绒毛。

（5）无绒毛　凡含绒在1%以下者为无绒毛，即毛片。

2. 羽毛绒的加工设备　羽毛绒的加工设备主要有预分机、除灰机、四厢分毛机、水洗机、离心脱水机、烘干机、冷却机和拼堆机。

（1）预分机 预分机是羽毛加工粗分机械，主要作用是将原料毛中的粗翅毛和较大的杂质与毛绒粗分离，除去翅毛和杂质，获取 60％左右的毛片和绒子。其工作原理就是根据羽毛在一定风力下的悬浮高度不同，利用风动机械来完成加工过程。预分机由加毛器、前厢、后厢、主风机、传动机构、除灰装置和负压充毛厢组成。

①加毛器 它由贮毛厢、负压风机、转动活门、输送装置、传动机构构成。在贮毛厢内装有 18～20 目/6.45 厘米² 的铁纱窗，下端有两扇转动活门。输送装置由两条三角齿传送胶带组成。传动装置包括 JMZ 型齿轮减速器两台，喂毛用 0.7 千瓦电机一台。在鼓风机的作用下，贮毛厢内形成−2942 帕的负压，这时需要补充空气，进料口的羽毛与空气形成混合流体进入贮毛厢。在贮毛厢内，空气通过铁纱窗被吸出送至除尘装置，羽毛被纱窗阻于厢内。当贮毛厢的羽毛达到一定数量后，风机停止工作，转动活门打开，羽毛下落到输送带上，输送带在传动机构以 2.7 转/分的速度驱动下，在喂毛打齿的配合下，通过下料斗，进入预分机前厢。

②预分机 预分机由前厢、后厢、鼓风机、转动机构组成。在前厢内有一搅拌圆筒、开启筛板和 40 根相交为 90°的搅拌齿（大钩）及一对各 76 根交错为 90°的搅拌齿（小钩）。后厢内也有一搅拌圆筒和数根相交为 90°的搅拌齿及纱窗，顶部装有一台负压风机。在前后厢之间有一条风道。传动装置由一台 7 千瓦电动机、皮带减速机构和一台减速器组成。当原料毛进入前厢，传动机构驱动搅拌轴以 120～150 转/分转速旋转，在负压风机吸引下，将原料毛进行粗分。为了避免翅毛上升和促使毛绒通过风道，圆筒上端的小钩以 135 转/分的速度助扬。经过一段时间的分选，角皮、灰渣、杂质从搅拌圆筒下端的筛板孔泄出，粗翅留在搅拌圆筒内，上升的毛绒则通过风道进入后厢。在后厢，在负压风机的作用下，空气和细微粉尘通过纱窗吸出，送至除尘装置，而毛绒则贮存在搅拌圆筒内。出料时，后厢搅拌轴在减速器驱动下，以 66 转/分的速度旋转，使毛混匀并加快出料时间。

（2）除灰机 该机由加毛器，一级除渣厢（头道滚筒）、二级除灰厢（二道滚筒）、传动机构、负压风机和除尘装置构成。加毛器与预分机的加毛器基本相同。一级除渣厢由除渣圆筒和搅拌齿（大钩）组成。二级除灰厢由筒筛和搅拌齿（大钩）组成，传动机构由一台 5.5 千瓦电动机和皮带传动装置组成。该机的作用是将预分后的毛绒进行再清理，进一步除去毛绒中所含的灰渣、杂质、皮屑等，使毛绒中杂质含量低于 10％。当毛绒经过加毛器进入除渣圆筒，圆筒内搅拌轴上装有 26 副搅拌齿，在圆筒下端有若干个孔径为 12 毫米的小圆孔，传动机构以 200 转/分的速度驱动搅拌轴旋转，将灰渣、杂质、角皮等通过下端小孔泄出。除渣后的毛绒在负压风机的作用下通过半月门，进入二级除灰筒筛。圆筒筛内的搅拌轴分装有 24 副搅拌齿，并与除渣圆筒的搅拌轴相联接，筒筛上密布约 40 万个 $1.25$ 毫米$^2$ 的小斜孔，搅拌轴旋转时，在负压风机作用下，将细微粉尘经小孔吸出至除尘装置，使毛绒的含灰量达到加工指标要求。

（3）四厢分毛机 四厢分毛机又称精分机，它由加毛器、前厢、一厢、二厢、三厢、四厢、传动机构、风道调节系统、负压风机和除尘装置构成。该机的作用是在负压风机吸引下，毛绒经过四厢呈 W 状的密闭气流场，通过调整风道获取各种含量不同的绒子和毛片。加毛器的构造与预分机的加毛器相似。前厢结构与预分机前厢大致相同，不同之处是在前厢内有一块可调节的活动风板，其功能是改变风道的通径，降低流量，增大阻力，为分绒提供有利条件。一厢至三厢的结构基本相同，它由上仓搅拌圆筒和下仓搅拌圆筒组成。上仓搅拌圆筒内有一个搅拌轴，轴上装有 30 根搅拌齿，搅拌圆筒的下端有一块卸料转动活门。它的功能是接受前厢送来的毛绒进行再分选。下仓搅拌圆筒内也有一根搅拌轴，轴上装有 28 根搅拌齿，搅拌圆筒的两端分别有一个进气孔和出料孔。它的功能是临时贮毛和出料。第四厢由纱窗、拍打器、下料翻板、下仓搅拌圆筒和搅拌轴组成。其作用是通过负压风机吸入前厢分选后的混合流体。根据毛绒悬浮速度各异，前三厢已分别获得不同规格的羽绒，进入四厢之羽毛含绒、含灰量较高，经纱窗分离，含尘的空气被风机送至除尘装置，留下的羽绒则通过翻板落入下仓临时贮存，然后输出。四厢分毛机的工艺过程，是将除灰后的毛绒进行精分。当除灰后的羽毛经加毛器进入前厢，搅拌轴在皮带传动机构的驱动下，以 140 转/分的速度进行旋转，将粗翅毛截留。在负压风机作用下，无粗翅毛的毛绒进入一厢，一厢搅拌轴以 120 转/分的速度旋转，加速毛、绒分离，一部分毛绒在负压下进入下一厢继续分离，余下的毛绒通过转动活门落入下仓暂存。依此递进，在调节风道的配合下，可获得不同规格的羽绒。一般一厢可获得 3％～4％ 或 7％～8％ 的羽绒，二厢可获得 10％～20％ 的羽绒，三厢可获得 30％～50％ 的羽绒，四厢可获得 60％ 以上的高绒，要求杂质含量低于 4％。四厢分毛机工艺调整比较灵活，可根据生产的需要，可用二厢分选，也可用三厢进行工作，既可生产规格羽绒，又可加工标准毛（出口半成品毛）。

（4）水洗机 该机由贮毛厢、负压风机、下料活门、洗涤圆筒、搅拌浆、给排水装置、洗涤剂喷射装置和传动机构组成。贮毛厢是待洗羽绒的贮存容器,厢内装有纱窗,下部为下料活门。洗涤圆筒内装有搅拌轴,轴上装有 13 个搅拌桨。筒壁的上端有自动进水装置和洗涤剂喷射装置。圆筒下端是用不锈钢制成的孔径为 1.8~2 毫米的半圆形筛板。底部是呈锥台形的聚污斗,斗的中部分别有两只泄水阀门。洗涤圆筒的功能是将羽毛绒置于含有洗涤剂的水中,在搅拌桨的搅拌下进行洗涤,达到去污、去脂、去臭的目的。进排水装置定时、定量提供清水和排除污水。洗涤剂喷射装置则根据毛绒的数量和成分,定量注入洗涤剂。传动装置是给各执行机构传送动力的系统。水洗机工作时,贮毛厢上的风动机启动,将含灰量低于 4% 的毛绒吸入贮毛厢,含灰空气经纱窗排入除尘装置,这时自动水阀向机内注入清水或 40℃ 左右的温水,水面达到搅拌轴中心线时,搅拌轴以 50~60 转/分的速度旋转,等待羽毛投入。当水面高于中心线后,自动水阀关闭。贮毛厢的下料阀门开启,将羽毛放入水中进行洗涤。洗涤过程一般分为清、洗、漂三个阶段。即羽毛投入后,在搅拌轴的转动下,搅拌桨使羽毛在水中不停地翻动,进行清洗,使毛绒附着的灰沙清除,沉淀到积污斗,通过泄水阀门将污水排出。然后,自动水阀补充清水,并注入定量洗涤剂进入洗涤过程,除去毛绒中的油脂和污垢。在时间程序的控制下,泄水阀再次将污水排出,自动水阀再次补给清水进入漂洗过程。在此过程中,泄水阀按时排出污水,自动水阀及时补给清水,直至从泄水阀流出的水经抽样检验达到规定的清洁度指标,则完成整个洗涤过程。

(5) 离心脱水机　离心脱水机的结构由外壳、机座、转鼓传动机构和制动机械等组成。外壳和转鼓支撑在三个装有缓冲弹簧的机座摆杆上,转鼓又固定在转轴上。转轴下端装有离合器和三个皮带轮并与电动机组成传动系统。当毛绒洗涤完毕,转鼓在转动机构的驱动下以 300 转/分的速度低速旋转,接受从洗毛机送来的绒、水混合液,达到一定数量时,转速升至 600~700 转/分,离心力加剧,液体通过转鼓壁上的小孔被甩出,羽绒阻留在鼓内,经过一定时间的旋转,水被分离出去,羽绒达到半干状态,完成其脱水过程。机械手是离心机的附属装置,用来自动卸料。它由立柱、活动横臂、定位罩、卸料刮刀和出料风管及传动装置构成。立柱是活动横臂升降的导轨。卸料刮刀装在活动横臂端。卸料刮刀通过电动机直接传动,其余动作是通过气缸伸缩来完成。当离心机将羽绒脱水后,机械手在气缸的推动下,活动横臂从离心机外转至离心机上端,横臂在气缸作用下,使定位罩罩在转鼓中部的锥度上,定位罩在电机和减速器的拖动下,进行低速旋转,卸料刀开始转动,将转鼓上的羽毛刮下,通过负压风管吸入烘干加毛器内。

(6) 烘干机　烘干机由加毛器、负压风机、正压风机、烘干圆筒、搅拌轴、传动机构、交换风门和热交换器组成，其功能是将脱水后的羽毛绒烘干。加毛器的基本原理与预分机加毛器相似，只是输送装置位置较低，两条输送平行呈25°左右。加毛器的出料口接装一台正压风机。烘干圆筒为夹层的椭圆容器，夹层为蒸汽腔室，两端用钢板封闭，上半部装有半圆形筛板。烘干圆筒的顶部装有交换风门和负压风机以及热交换器。圆筒内的搅拌轴上装有20副搅拌浆。当烘干机工作时，压力为$2 \times 10^5 \sim 3.9 \times 10^5$帕的蒸汽被输入夹层的腔室，使机内温度升至90℃左右。通过负压风机将机械手供给的脱水毛绒吸进加毛器，再经输送带均匀地送至下料口，在正压风机的作用下，通过鼓风机送入烘干圆筒内。搅拌轴以60～80转/分的速度旋转，使毛绒在椭圆形的烘干圆筒内作抛物线运动。负压风机将热交换器预热的热空气经一端筛板吸进烘干圆筒内，加快毛绒干燥，并将潮湿的空气从另一端筛板吸出，经风机送进除尘装置。置于烘干圆筒顶部的交换风机按时变向，使两端筛板不易被毛绒堵塞。在烘干过程中，烘干圆筒内顶部的喷药管注入适量的整理剂，使羽毛绒减弱静电效应和达到蓬松润滑的效果。

（7）冷却机　冷却机是由除灰厢、圆筒筛面、搅拌轴、负压风机和传动机构组成。它是将烘干后的毛绒冷却到常温并再次清除灰杂的机械。当烘干的毛绒被冷却机上的负压风机吸入圆筒筛内后，皮带传动机构以120转/分的速度带动搅拌轴转动，将毛绒不断抛起，负压风机通过筛面吸去羽毛所带来的热量，使毛绒温度快速冷却，降至常温，同时也将毛绒中的粉尘、飞丝吸出送至除尘厢，烘干过程即告结束。该机是羽毛绒烘干的常用设备，但其最大缺点是不停地搅拌摔打，使飞绒增多，造成浪费。目前，冷风式冷却机已经问世，它是借助负压风机的作用，在圆筒筛内形成紊流，加快毛绒的冷却，而不用搅拌浆设备，效果好，浪费损失小。这种机械不久即可取代现有冷却机。

负压充毛厢是冷却机的附属设备。它由负压风机、充毛厢、纱窗组成。负压充毛厢工作时，负压风机启动，使厢体内形成负压，冷却后的羽毛绒随空气被吸进充毛厢内的布袋里，布袋成为分离构件，空气被吸出，毛绒截留在布袋内。纱窗起预防散落毛绒被吸出的作用。

（8）拼堆机　拼堆机有单厢分毛拼堆机、冷却厢式拼堆机、滚筒式无搅拌拼堆机三种。滚筒式拼堆机是较先进的一种机械，它的优点是损耗较小，拼成的毛绒较均匀，缺点是产量不高。我国各地羽毛加工厂用冷却厢拼堆机和单厢拼堆机较多。单厢式拼堆机由负压箱、两个相交的半圆筒、两根搅拌轴、负压风机及传动机构组成。在负压厢的顶部装有一层纱窗，用来分离毛绒和空气。底部有两个相交的半圆筒，在两半圆筒的圆心部位，装有两组反向旋转的搅拌桨，负压风机置于厢体外侧。当拼堆机工作时，负压风机将毛绒吸入厢内，通过纱窗分离，毛绒留在厢内，含尘的空气被风机排入除尘装置。同时，搅拌轴在传动机构的拖动下，以 15～25 转/分的速度旋转，不断地将毛绒翻动，并有规律地改变旋转方向，使毛绒混合均匀。

3. 未水洗羽毛绒的加工整理工艺　当羽毛原料经过检验与搭配安排，确定了使用的批数和数量后，即可开始加工。未水洗羽毛绒的加工流程包括预分、除灰、精分、拼堆和包装五道工序。

（1）预分　加工整理的第一道工序是预分毛。所谓预分，就是通过预分机将原料毛中的翅梗、杂质、灰沙与毛绒相分离，除去毛梗杂质获取有用的毛片和绒子的加工过程。原料毛在放入分毛机之前，须将原料毛用竹扒（耙）拉松，注意清除其中的石块、砖瓦、铁块等有损机器的杂物，然后逐步将羽毛从机器进口处加入，由风力吸入分毛机。一般每次加毛 15 千克左右。当原料毛进入前箱，传动机构驱动搅拌轴旋转，在负压风机的吸引下将原料毛进行粗分。经过一定时间的机内分选，小块脚皮、灰沙、杂质从半圆筒下端的筛板孔筛出，经管道吸入贮灰箱内；粗重的翅梗毛阻留在前箱半圆桶内，经底部一侧的出梗口，由管道吸入贮梗箱内；上升的毛绒则通过顶部风道进入后箱（毛房），完成分离的过程。当毛房的毛达到一定数量时，开动贮毛箱下连的螺旋装包机，毛绒就自动装入预置的麻袋内。同批的毛绒，每日采样一次，进行品质检验和记录，作为机器操作控制风力的依据。

在分毛过程中要注意的问题是，在加毛阶段要将吸毛风门开得小一些，以使绒子与中小毛片和一部分小薄片上升，其余的翅梗、脚屑、大毛片下降，待大部分绒子和中小毛片已上升入毛房时，可把风门稍开大些，以使较大的毛片上升入毛房。如果加毛时将风门开得过大，翅梗等就容易和绒子及中小毛片一起涌入毛房，达不到分离的目的。同时，由于羽毛有光滑性和黏性的分别，摇毛时间长短要以观察机内不再有上升羽毛为止来掌握。一般是在窗内看不到绒子时，即可知道机内原料已分净，但也要注意检查进入贮梗箱内的翅梗中是否已无毛绒，以作为继续加工掌握风力与摇毛时间长短的依据。

经分毛机加工后的原料，灰沙、杂质含量可以达到标准，但如果原料含杂质较多，虽经加工后灰沙含量还超过标准时，必须再经羽毛除灰机加工。

（2）除灰　用分毛机摇过的羽毛，经过检验，如杂质含量超过规定的标准，还须进一步除灰。通过除灰装置进一步除去毛绒中所残留的灰沙杂质，使毛绒符合规定的品质要求。

除灰时，羽毛通过加毛器进入除灰机，先经过一级除灰室，除灰圆筒内的搅拌浆将羽毛搅拌松散，粗重的灰沙杂质不断从下端的大孔筛眼筛出，而毛绒在负压风机的作用下进入二级除灰室，通过第二次搅拌，在负压风机作用下，将细小的灰沙杂质从滚筒的小孔筛眼吸到除灰筒和灰袋内，毛绒则经过输毛管进入贮毛房而装入包袋内。

在操作除灰机时，必须注意控制每次的加毛量，根据机器大小，一般以每次 15～30 千克为宜。每次的除灰时间应视毛中杂质多少灵活掌握，一般需要 15 分钟左右。达到除灰效果后，开启闸门出毛。待出毛完毕，接着进行第二次投料。

（3）精分（提绒）　经过预分除灰后的毛绒，尽管清除了灰沙杂质和翅梗，但还不符合出口规格标准，仍须通过精分机将预分的羽毛绒进行提绒加工，使之成为规格毛绒。

精分机的操作过程与第一道工序的预分加工程序相同。其功能是使毛绒在负压风机作用下，经过多箱呈 W 状的可调节风道，获取各种不同规格的羽绒和毛片，以适合羽绒制品生产和羽毛出口的需要。但掌握机器顶部风力时，要特别注意风力比预分要小，以防止中型毛片上升，混入绒内，同时也要防止风门过小而影响产量。

经过以上三道工序，能使毛片、绒子与翅梗、灰沙、杂质相分离，达到规格成分。但对于鹅、鸭毛内含有鸡毛以及白鹅鸭毛中的黑头与鸡毛，依靠机器是无法加以清除的，因为鸡毛、黑头与鹅鸭毛片悬浮力相仿，当开动机器利用风力提取毛片、绒子的同时，鸡毛、黑头也随风上升，所以只能通过人工用手拣剔出来。另外，对不超过允许含量的长片鸡毛或在白鹅毛中的大黑头，色泽全部深黑者，亦须加以拣剔，以符合品质要求。因为白鹅毛中含有深黑的黑头羽毛，做成羽绒服装时，如果面料是浅色的，会影响美观。

（4）拼堆　所谓拼堆，就是将不同规格的毛绒通过拼堆机进行匀合，使之达到某种规格要求的加工过程。

经过分毛、除灰、精分三道工序加工出来的各批羽毛，其成分（指毛片、绒子的比重和鸡毛、黑头、杂质等的含量）可能有差别，必须将各批羽毛绒的成分进行汇总，并计算出它们的总成分，如果遇到成分不能平衡时，可以采用相互调配的办法，抽出超成分的批数或抽出不足成分的批数，求得成分平衡，并确定需用的批数，然后进行拼堆。

拼堆前要先做好准备工作，将已确定需用的批数，按照成分相近的堆放在一起，分成若干个批别，每批包数多少不一。在确定分几次拼堆时，要计算每次每批所需重量。当机器开动后，将每次所需重量运至拼堆机进毛口四周，并按每批重量多少不同不断加入机内。但要掌握速度，重量多的加得快些，重量少的加得慢些，以求每次结束时同时加完。在羽毛进入机内后，翼桨不断地搅动，使羽毛和匀，经风力吸至毛房，降落至漏斗型的毛箱，再经管道进入装毛箱内。至此，拼堆过程即告结束。

此外，下列两种情况也需要进行拼堆：①同品种同规格的毛绒，由于产地和产季的不同，其品质和色泽有差异，必须通过拼堆和匀，使质量、色泽达到一致。②同品种不同规格的毛绒，为了获取某种所需规格的毛绒，也需要通过拼堆来配制。

（5）包装　每批羽毛拼堆结束后，通知质量检验部门进行检验，如检验合格，就可通知打包部门打包进仓。如果是出口羽毛，要经商品检验局抽样检验，或由商检部门指定厂方的技术人员采样检验，如检验合格，即可通知打包部门打成出口机包。

## 二、填充羽绒加工

### （一）羽毛绒水洗的原因

经过分毛除灰后的各种羽毛绒，在作为制品填充料之前，必须进行水洗，其原因有以下几点：

1. 羽毛绒原料毛虽经分毛除灰，但仍有一定的杂质含量，诸如灰沙、皮屑、小血管毛、头颈毛等的残余杂质，需要水洗净化。

2. 羽毛绒系动物性的有机物质，含有一定的油脂和气味（如鸭屎臭、鸭腥味等），必须通过水洗，保持产品清洁卫生。

3. 羽毛绒在保管过程中可能发生虫蛀、霉变，含有虫卵和其他污染物，需要经过水洗进行消毒杀菌，并恢复其天然色泽。

4. 羽毛绒经过机器分离、打包压榨，使绒朵压瘪，部分毛片弯折，通过水洗恢复其天然的形态和弹性。

总之，羽毛绒水洗就是用一定温度的水，加入适量洗涤剂，进行洗涤消毒的加工整理过程。其作用是去灰、去杂、去污、去脂、去味、消毒杀菌、净化羽毛，使之恢复天然形态、色泽和弹性。

### （二）填充羽绒（水洗羽毛绒）的加工工艺

1. 水洗消毒前的配料　羽毛绒水洗前的配料与用水量和洗涤剂用量有着密切关系，而且会影响填充料的质量。因此，水洗前必须严格掌握投料的规格成分和品质。配料时应注意下列几点：

（1）含灰量多少　含灰量越少越好，一般不宜超过 4%。如果含灰量超过水洗规定限度，不仅增加水耗、电耗、工时，而且由于水洗次数过多，会使羽枝损伤、脱落，产生飞丝，降低产品质量。

（2）季节性的差别　冬春毛质量好，夏秋毛质量较差，两者要适当搭配，使品质保持稳定。

（3）产区的差别　水网地区所产羽毛绒与干旱地区所产羽毛绒质量有差别，前者优于后者，配料时要适当搭配。

（4）禽种的差别　家鸭羽毛绒油脂含量低，野鸭羽毛绒油脂含量高，洗涤剂用量应有所区别。

（5）气味轻重　有些羽毛含有腥味，水洗前除检验规格成分外，还需以嗅觉测定气味来配料。

2. 水洗羽毛绒的加工工艺流程　水洗羽毛绒加工工艺流程包括洗涤、脱水、烘干、冷却、包装五道工序：

（1）洗涤　洗涤一般分为初洗、清洗和漂洗三个步骤：

①初洗　每次投料 40 千克，用 2 000 千克左右清水洗 5 分钟，洗除一些灰沙杂质，然后将污水排出。

②清洗　初洗后的羽毛绒，再加入 1 500 千克左右的清水或 40℃的温水，同时按所洗涤的干毛绒重量加入适量的羽毛专用洗涤剂，清洗约 20 分钟后，将污水排出。

③漂洗　清洗后的羽毛绒还要进行漂洗。每次加入 1 500 千克清水漂洗 4~5 分钟，然后把污水放掉，再加入清水漂洗，共漂洗 7 次。

经过水洗之后的羽毛绒，要达到去灰、去污，去杂、去味的要求。

水洗前应注意下列事项：

①为稳定产品质量，不同地区、不同季节的毛绒应搭配加工水洗。

②投料的羽毛绒含灰量越少越好，一般低绒的含灰量不宜超过 4%，高绒的含灰量一般不宜超过 3%。

③洗毛绒要用中性水，卫生指标要求达到饮用水的标准，有条件的单位可用 40~50℃的温水洗涤。洗涤剂应用低碱少泡、去污能力强的品种。根据羽毛油脂情况，洗涤剂用量为干毛绒重量的 1%~2.5%。

（2）脱水　羽毛绒经过水洗符合要求后（即最后一次漂洗所放出的水质，其清洁度达到饮用水的标准，或经过透明度测验符合要求），即可进入离心机脱水。脱水机先以 300 转/分的低速预离心脱水 1.5 分钟，然后以 600 转/分的高速旋转，脱水 6～8 分钟。当毛绒含水率达到 30％左右，脱水过程即告完成。

（3）烘干　经过洗涤脱水的毛绒，仍含一定的水分，要通过烘干机进行烘干。当烘干机工作时，蒸汽温度达 110～130℃。国产老式烘干机蒸汽压力为 0.4～0.5 兆帕，进口烘干机蒸汽压力为 0.2 兆帕，烘缸空间平均温度为 80～90℃。机轴转动速度一般在每分钟 60～80 转。每次加毛量应掌握在毛片每立方米 4 千克左右，绒子 3 千克左右，按现用烘干机容量，一般每缸为 20～30 千克，烘毛时间为 15～20 分钟。在烘至 12 分钟以后，当毛绒达到八成干之时，可加喷除臭剂、整理剂等水液，以达到各类除臭、整理等目的。烘干的毛绒要达到不潮、不焦、不脆、柔软润滑、光泽好、蓬松度高的要求。

烘干过程中要注意下列事项：①在烘毛前，须先清理机上两端的通风筛面，使空气流通。如筛眼被阻塞，要将筛面拆下来，把毛绒拔除方可使用。②自动加毛或人工加毛，都要注意烘干机容量，慢慢加毛，以免溢出机外。如有散落在地上的毛绒，不可拎起放进烘毛机内，必须重新洗净再烘。③要注意烘干机的蒸气压力表，压力应保持在适用的负荷内。④检查烘毛机四周的封条是否脱落，如有脱落应及时补上，以免漏气和影响安全。⑤操作时要掌握烘缸温度与烘毛时间的关系，烘缸温度高，就要缩短烘毛时间；反之，就要延长烘毛时间。烘毛与烘绒的时间不同，必须灵活掌握，恰到好处。毛绒的干湿度，除掌握烘毛时间外，也可凭经验测试，如毛绒干了，就应及时把毛绒放出。⑥放毛时必须放干净，否则留下的毛绒会被烘焦而产生焦味，影响整批毛绒的质量。

（4）冷却　毛绒烘干后，即开动冷却机进行冷却。通过负压风机将毛绒吸入冷却圆筒，冷却机的搅拌浆以 50～60 转/分的速度，将毛绒不断翻动，同时负压风机不断将毛绒带来的湿空气通过筛眼吸出机外。一般经过 6～7 分钟即可使毛绒冷却。冷却的程度，如以温度测定，冷却后毛绒的温度，夏季在 40℃以下，冬季在 30℃以下为宜。

冷却是毛绒在水洗消毒过程中不可缺少的工艺环节。冷却能使毛绒在水洗、烘干过程中所产生的残屑、飞丝及机器磨损的粉碎纤维，通过排气筛孔飞出，使毛绒质量更纯；可使毛绒的羽枝、羽丝全部舒展蓬松，散发蓄积的热蒸汽而吸入新鲜空气，从而消除异味；还可使毛绒恢复在恒温条件下自然状态所含的水分，一般自然含水率为 13％以内，毛绒质量不变，蓬松率稳定。冷却操作过程要注意以下几点：①开动冷却机前应检查冷却筛子有无破漏，如发现破漏，应及时修理或调换。②必须经常清理冷却筛子及其四周的板壁，机身下的灰沙杂质应及时清除。③更换品种批次时，要彻底清理机器管道，以防品种混淆和灰白毛混淆影响产品质量。

（5）包装　当毛绒冷却完毕后，通过负压毛箱直接装入包装袋。包装要用消毒专用袋，专袋专用，以防外物污染、混杂。每包毛绒的重量，根据不同规格的含量和不同的膨胀率来确定。一般以每立方米包装 25 千克为宜。包装时不宜过分挤压，以免影响毛绒蓬松率。

### （三）填充羽绒（水洗羽毛绒）的质量要求

经过水洗、消毒、烘干、冷却处理后的填充用羽毛羽绒，要求达到去污、洗清腻脂、消毒、烘干（不焦不脆）。羽丝蓬松、无灰、无臭味、柔软而富有弹性。

在水洗消毒过程中不允许混入帚枝、竹片、铁丝、麻线等杂物，处理好的填充羽毛羽绒，要使用专用袋。原料和消毒好的产品要分开存放，切忌同原料或其他禽产品放在一个仓库内。

水洗消毒后的各档羽毛羽绒必须检验其质量是否符合规格要求。各档毛绒的质量标准是：

1. 灰鸭毛片　含小薄片在 6％以下，含纯绒在 4％以下。

2. 7.5％鸭毛绒　含纯绒 7％～8％，小毛片 93％～92％（其中小薄片在 4.5％以下，鸡毛在 2％以下）。

3. 15％鸭毛绒　含纯绒 14.5％～15.5％，小毛片 85.5％～84.5％（其中小薄片在 3％以下，鸡毛 2％以下）。

4. 30％羽绒　含纯绒 29％～31％，小毛片 71％～69％（其中小、薄片 2％以下，鸡毛 1％以下）。

5. 50％羽绒　含纯绒 49％～51％，小毛片 51％～49％（其中小薄片 1.5％以下，鸡毛在 1％以下）。

6. 70％羽绒　含纯绒 69％～71％，小毛片 31％～29％（其中小薄片及鸡毛在 1％以下）。

7. 85％羽绒　含纯绒 84％～86％，小毛片 16％～14％。

## 三、刀窝翎的利用

鹅、鸭的翅羽（飞羽）羽片硬直，羽轴粗壮，轴管长大。一般在两翼翅羽（飞羽）上，鹅的第 1 根翼翅至第 3 根或第 4 根为一级飞羽，又称为尖翎；在鹅、鸭的第 4 根或第 5 根至第 9 根或第 10 根翼翅为二级飞羽，又称刀翎；在鹅的第 10 根或第 11 根至第 19 根翼翅为三级飞羽，又称窝翎。我国民间很早就流行用鹅毛翅羽作扇子。如浙江湖州和杭州王星记扇庄，以鹅毛的窝翎制成圆扇是素负盛名的，畅销全国各地，也是近代手工业中独树一帜的名牌产品。

白鹅刀翎、白鹅窝翎供外销出口后，需求均极迫切，且售价贵于内销制扇的价格，尤以刀翎的外销价更贵。后来获悉英国用刀翎作为制作体育用品羽毛球的原料，从此白鹅刀窝翎作为原料出口逐渐代替了制扇的用途。

20 世纪 50 年代，随着我国体育事业的蓬勃发展，我国羽毛球工业迅速崛起，羽毛球的外销和内销，经常处于供不应求的局面。白鹅刀翎从此成为制作高级羽毛球的原料，白鹅窝翎可以制作中档羽毛球，弯刀毛可以制作板羽球，以及利用鸭刀翎制作低档羽毛球。

## （一）刀窝翎的规格和品质要求

1. **白鹅统货刀翎** 规格尺寸为 17.8 厘米以上。要求羽片完整，无虫蛀、断伤的好刀翎占 50%，轻微虫蛀、断伤、沙头、污毛、折痕次刀翎占 20%，严重虫蛀、断伤、沙头、污毛及其他杂毛占 30%。

2. **白鹅统货次刀翎** 规格尺寸为 17.8 厘米以上。品质要求为轻微虫蛀、断伤、沙头、折痕占 70%，严重虫蛀、断伤、焦头及其他杂毛不超过 30%。

3. **白鹅统货窝翎** 规格尺寸 16.5 厘米以上。品质要求为毛片完整，无虫蛀、断伤、沙头及折痕的好窝翎占 50%，轻微虫蛀、断伤、沙头及折痕的次窝翎占 20%，毛片严重虫蛀、断伤、沙头、污斑、折痕及其他杂毛不超过 30%。

4. **白鸭统货刀翎** 规格尺寸为 16.5 厘米以上。品质要求为毛片完整，无虫蛀、断伤、沙头及污斑的好刀翎占 50%，轻微虫蛀、断伤、沙头、污毛占 20%，严重虫蛀、断伤、沙头、污毛及其他杂毛不得超过 30%。

5. **白鸭统货窝翎** 规格尺寸为 15.2 厘米以上。品质要求为毛片完整，无虫蛀、断伤、沙头及污斑的毛占 50%；轻微虫蛀、断伤、沙头及污斑的毛占 20%，严重虫蛀、断伤、沙头及污斑以及其他杂毛不得超过 30%。

6. **出口白鹅切管手拣刀翎** 规格尺寸为 14 厘米以上。品质要求为色泽白、形状完整、扎把整齐，每把直径 5～7.5 厘米；严重虫蛀、折断、污斑、沙头均作重伤处理，不得超过 10%；轻微折痕、细小缺口、小麻点、轻微黄斑均作轻伤处理，不得超过 10%。切管自齐白芯起，最长不得超过 1 厘米。

7. 出口白鹅切管摇车刀翎　规格尺寸为 14 厘米以上。品质要求为色泽白、形状完整、扎把整齐，每把直径为 5～7.5 厘米；严重虫蛀、折断、污斑、沙头均作重伤处理，不超过 20％；轻微折痕、细小缺口、小麻点、轻微黄斑均作轻伤处理，不得超过 20％。

8. 出口白鹅手拣窝翎　规格尺寸为 12.7 厘米以上，品质要求为色白、形状完整、扎把整齐，每把直径 5～7.5 厘米；严重虫蛀、折断、污斑、沙头均作重伤处理，不超过 10％；轻微虫蛀、折断、污斑、沙头均作轻伤处理，不超过 10％。

9. 出口白鹅切管摇车窝翎　规格尺寸为 12.7 厘米以上。品质要求为色白、形状完整、扎把整齐，每把直径 5～7.5 厘米；严重虫蛀、折断、污斑、沙头均作重伤处理，不超过 20％；轻微虫蛀、折断、污斑、沙头均作轻伤处理，不超过 20％。

10. 出口灰鸭摇车切管刀翎　规格尺寸为 12.7 厘米以上。品质要求色泽混色，每把直径 5～7.5 厘米；严重虫蛀、折断、污斑、沙头均作重伤处理，不超过 20％；轻微虫蛀、折断、污斑、沙头均作轻伤处理，不超过 20％。

11. 出口白鸭摇车切管刀翎　规格尺寸为 12.7 厘米以上。品质要求为白色，每把直径 5～7.5 厘米；严重虫蛀、折断、污斑、沙头均作重伤处理，不超过 20％；轻微虫蛀、折断、污斑、沙头均作轻伤处理，不超过 20％。

## （二）刀窝翎加工工序和操作方法

1. 初步分选品种　俗称拣统货半制品，即在鹅毛大翅中，用右手拣毛，左手拿毛，拣取刀窝翎、大刀毛及飘毛。取毛时用左手拿刀翎和窝翎，毛头和毛头交叉相搭，左手抓住中间，右手取毛时应根据其规格质量的要求予以取舍。另外，将大刀毛、飘毛，次刀翎投入竹箩里。如在统货鹅毛中拣出的刀窝翎（未经过分毛机分离）品质较好，称作手拣刀翎或手拣窝翎。

2. 出口刀窝翎的加工

（1）水洗晾晒　①将统货刀窝翎的原料倒入洗涤的容器内，用清水浸湿，然后用 30～40℃的温水，将肥皂粉或洗涤剂溶解。②先用温水洗涤，最后用清水过清肥皂液（以过清为止）。③晾晒时，需经常用人工翻动，使刀窝翎的毛片恢复原状。一般要摊晒 2 天左右，直至管子内部潮湿晒干为止。翻晒时切忌脚踩踏在刀窝翎上，以免折断。④晒干后不宜用麻包装袋，可摊在工场内，等待挑选整理。

（2）挑选整理　①先将刀窝翎左右分清，右手拣选，左手拿毛。在分左、右边的过程中，要注意规格、质量要求，不符合规格者，必须剔除，并防止质量偏高和偏低的刀窝翎混入。②经过再次品质检查，认为合格者，再用麻绳或橡皮圈初步扎把圈紧。

（3）**扎把**　①在拼扎大把时，左右边必须严格分开，并用橡皮圈将刀窝翎围住，羽端朝上，羽管朝下，并将羽管排放整齐。②羽面应同一方向排列，由长到短分档，羽端的斜度应基本平齐。③每把大小以手控羽管的直径 6.4～7.5 厘米为宜，用细麻线四圈扎成一把。

（4）**刀窝翎切管**　①将扎好把的刀窝翎，用铡刀切管，右手拿住羽毛，左手拿羽管。②另一人将铡刀沿着羽管内侧的白芯下 0.5 厘米处压切，以符合出口规格的质量要求。

# 第二节　禽血、骨的加工利用

## 一、血粉加工

血液约占活体重的 7.6％～8.3％，是养禽业尚未充分利用的资源，有待于开发利用。血液中含有丰富的蛋白质和矿物质，还有各种酶和多种维生素。因此，它在饲料工业、制药工业、化学工业和食品工业方面，有着广阔的开发和应用前景。由于目前很难收集较为纯净的禽血。因此，它的开发利用还限于饲料方面。禽血加工成饲用的血粉，能够节省饲料，降低成本，提高经济效益。饲用血粉的加工主要有简易加工、煮熟加工和血豆粉加工三种形式。

### （一）简易加工方法

将收集的鲜禽血，在桶中或容器中静放 1 小时，待凝固后加入等量糠麸，用木棒拌匀，摊在干净的水泥地面上，厚度不超过 3 厘米，夏、秋太阳晒一天即可风干。若遇阴天，可以在通风良好的干燥室内晾干。这种方法生产的糠血粉，简便易行，而且具有香味和良好的适口性。

### （二）煮熟加工方法

将鲜禽血倒入锅内，用大火煮沸，并不断加以搅拌，当煮到形成松脆的团块时即可。如果在收集血过程中未加入生石灰，在煮血过程中可加入 0.5％～1％的石灰，这样可以消除不好的血腥气味，干燥后又能防止生虫，延长保存期。

对煮好的血块，要进行除水处理，可采用机械方法，也可采用人工方法。可用螺旋压榨机、液压机或饼干压制机来除水。如无机械，可以把血块放入麻袋中悬挂。再用两根一端相连的棍子夹麻袋，把水分挤压出去。这种方法虽不如机械方法效果好，但也能把含水率降到 50％以下。

把半干的血块打碎，均匀地铺在地面上晾晒，也可铺在深色塑料布上，有利于吸收太阳能，尽快蒸发水分。白天晾晒，晚间或雨天要用塑料布盖好，以防吸潮和雨淋。晾晒过程中，若发现有黏结成块的，要打碎。一般 3～5 天即可晾干。

晾干后的血块粉用粉碎机粉碎后，即可得到血粉。标准的血粉应该是呈褐色的细颗粒状，含水率 5％～8％，每吨鲜血可生产血粉 200 千克。

制成的血粉，如果没有加石灰，只能贮存 4 周，添加石灰的血粉可贮存 1 年。为防止血粉回潮、黏结、生蛆和发霉，可以将干血粉放在温度 100℃的条件下，加热半小时，待完全冷却后装入密封塑料袋或其他密封容器中保存，这种方法处理会使养分稍有损失。也可采用药物熏蒸消毒，然后去掉残留的蒸气，密封保存。

### (三) 血豆粉加工方法

在血中添加豆粉制成的一种饲用的血粉称为血豆粉。豆粉和血粉这两种物质在营养上具有互补作用，其必需氨基酸含量与鱼粉相似，饲喂禽类可以收到替代鱼粉的效果，而价格又远远低于鱼粉，故深受养鸡场和专业户的欢迎。

具体加工方法是先将等量豆粉加入鲜血中，拌匀后做成馒头形状，上屉蒸 20 分钟，蒸后切成小细条，晒干、粉碎，可以长期贮存。血豆粉含粗蛋白质 47.1％，使用时可以用之全部代替鸡饲料中的鱼粉。而以其代替 50％的鱼粉时，其效果更佳。

### (四) 血粉的贮存和应用注意事项

1. 血粉的贮存 血粉如果保存不当容易变质，没有加石灰制成的血粉更易变质。因此，经过烘干的血粉要贮存在密封的塑料袋中，防止受热、受潮、结块和霉变。一般加石灰的血粉能贮存 1 年左右，不加石灰的血粉，只能贮存 1 个月。

2. 血粉应用注意事项

(1) 血粉用量不宜超过饲料总量的 5％，雏鸡饲料中含血粉量不宜超过 3％。

（2）使用血粉时要与鱼粉共同使用，可以提高蛋白质的利用率。同时，血粉可部分代替鱼粉使用。

3. 使用血粉时，要注意饲料中的矿物质是否平衡。

## 二、骨粉加工

虽然家禽的骨量较少，但是收集起来也十分有用。禽骨可以用来制作骨粉，为养殖业提供饲用骨粉和为种植业提供肥料用的骨粉。其加工方法有三种。

1. 粗制骨粉的加工　将骨压成小块，置于锅中煮沸 3～8 小时，以除去骨中的脂肪。粗制骨粉加工时，最好结合提取骨油进行，除加工骨粉外，还可提取部分骨油和骨胶液。将煮后的骨沥尽水分，烘干。烘干一般采用干燥炉，用 100～120℃的温度烘 10～12 小时即可。将烘干的骨用粉碎机磨成粉状，过筛后为骨粉。骨粉的营养成分因原料的质量不同而不同，一般含蛋白质 23%、脂肪 3%、磷酸钙 48%、粗纤维 2%以下。

2. 蒸制骨粉的加工　采用蒸汽蒸骨提取骨油、骨胶，使骨胶、骨油与骨分离，骨渣干燥、粉碎制成骨粉。具体方法是将骨放入大锅中蒸，通入 105～110℃的蒸汽，每隔 1 小时取骨油、骨胶一次，将骨中大部分油脂除去，把骨干燥、粉碎，即成为骨粉。这种骨粉含蛋白质较少，但其色泽洁白，易于消化，无特殊气味。

3. 晒制骨粉的加工　将禽骨刮去表面肉筋后，在生石灰中浸泡 20～30 天，将油脂全部除去后，取出晾晒，然后粉碎即成骨粉。晒制骨粉为白色、光滑、无油脂。

## 三、骨油加工

骨中含有大量的油脂，其含量随家禽种类和营养状况而异，大体上占骨重的 5%～15%，平均 10%左右。由于抽取方法不同，其收得率也不相同。骨油的提取方法，通常有水煮法、蒸汽法和抽提法三种。

### （一）水煮法

1. 洗骨和浸泡　将新鲜的骨用清水洗净并浸出血液。加工要及时，最好是当天生产的骨在当天水煮完毕。浸出血水才能保证骨油的颜色和气味正常。

2. **粉碎**　不论什么骨，在蒸煮前均应粉碎，即将其砸成 2 厘米见方的骨块。事实证明，骨块越小出油率越高。

3. **水煮**　将粉碎后的骨块倒入水中加热。加热温度保持在 70～80℃。加热 3～4 小时后，大部分油已浸出来，将浮在表面上的油撇出，移入其他容器中，静置冷却并除去水分即为骨油。用这种方法提取骨油时，为了避免骨胶溶出，不宜长时间加热。因此，除了缩短加热时间外，最好将碎骨装入竹筐中，待水煮沸后将骨和筐一起投入水中，3～4 小时后再将骨和筐一起取出。用水煮法制取骨油时，仅能提取骨中含油量的 50%～60%。

### （二）蒸汽法

将洗净粉碎后的骨，放入密封罐中，通入蒸汽加热，使温度达到 105～110℃。经加热后，不仅大部分脂肪被溶出，而且骨胶原也被溶成胶液。加热 30～60 分钟后，大部分油脂和胶均已溶入蒸汽冷凝水中。此时从密封罐中将油水放出，罐内再通以蒸汽，使残存的油和胶溶出，如此反复数次（约 10 小时），绝大部分的油和胶都可溶出。然后将全部油和胶液汇集在一起，加热静置后，使油分离，或者趁热用牛乳分离机进行分油，则效果好，速度快，且不致使胶液损失。

### （三）抽取法

将干燥后的碎骨，置于密闭罐中，加入溶剂（如轻质汽油）后加热，使油脂溶解在溶剂中，然后使溶剂挥发再回到碎骨中。如此循环抽提而使油脂分离。

骨油的用途一般可分食用和工业用两种。凡用新鲜、洁净、没有腐败变质的骨制成的骨油，可以熬炼成食用油脂。如果不具备上述条件，则可充作工业用原料。

## 四、骨胶加工

骨胶制造的原理与皮胶相同，但加工过程与皮胶有所区别。即制造骨胶时没有浸灰、脱毛、中和等前处理过程，但脱脂仍为生产骨胶的一个重要过程。

1. **骨的粉碎与洗涤**　将新鲜禽骨加以适当粉碎，然后用水洗涤。为了洗涤得比较彻底，可用稀亚硫酸溶液处理，它不仅可以提高漂白脱色的效果，并有防腐作用。

2. 骨的脱脂　胶液中的脂肪含量直接影响成品质量，在加工高质量的骨胶时，应尽可能除尽。如果水煮时间过长则影响胶液的收得率，故最好用抽提法除去骨中的全部脂肪，这样不仅可以提高成品质量，同时色泽也比较好。

3. 煮沸　将脱脂后的禽骨放入锅中加水煮沸，使胶液溶出。煮胶时，每煮数小时后，取出胶液，又加水煮沸，再取出胶液。如此 5～6 次后即可将胶液全部取出。

4. 浓缩　将全部胶液汇集在一起，加热蒸发，除去水分，提高胶液浓度（浓缩至胶液冷却后能成皮冻状）。浓缩时如采用真空罐，则可提高成品的质量和色泽。

5. 冷却、切片、干燥　使浓缩后的胶液流入一定大小的容器中，并冷却形成冻胶，然后切成薄片进行干燥，干燥后即为成品。

# 第八章

# 禽肉安全生产体系 >>>>>

## 一、QS 认证

QS 是我国的食品市场准入标志，是质量安全（quality safety）的英文缩写。食品质量安全已成为影响食品工业发展的一个关键因素，严格食品和食品生产企业的市场准入，建立一套完整的食品质量安全市场准入体系是解决食品安全问题最有效的方法。

按照国家有关规定，凡在中华人民共和国境内从事以销售为最终目的的食品生产加工企业都必须申请《食品生产许可证》。获得《食品生产许可证》的企业，其产品经出厂检验合格后，在出厂销售之前，都必须在最小销售单元的食品包装上标注食品质量安全生产许可证编号，并加印或加贴食品质量安全市场准入标志，也就是 QS 标志。带有 QS 标志的产品，说明此产品经过强制性的检验合格，准许进入市场销售。

### （一）QS 标志的含义

1. 对食品生产企业实施食品生产许可证制度　对于具备基本生产条件、能够保证食品质量安全的企业，发放《食品生产许可证》，准予生产获准范围内的产品；凡不具备保证产品质量必备条件的企业不得从事食品生产加工。

2. 对企业生产的出厂产品实施强制检验　未经检验或检验不合格的食品不准出厂销售。对于不具备自检条件的生产企业强令实行委托检验。

3. 实施食品质量安全标志　获得食品质量安全生产许可证的企业，其生产加工的产品经检验合格后加贴市场准入标志，即 QS 标志。

### （二）QS 认证对食品加工企业的具体要求

根据《加强食品质量安全监督管理工作实施意见》的有关规定，食品生产加工企业保证产品质量必备条件包括十个方面，即环境条件、生产设备条件、加工工艺及过程、原材料要求、产品标准要求、人员要求、贮运要求、检验设备要求、质量管理要求、包装标识要求等。不同食品的生产加工企业，保证产品质量必备条件的具体要求不同，在相应的食品生产许可证实施细则中都做出了详细的规定。

### (三) QS认证意义

1. **获得入市资格** 通过认证，是产品进入市场的有效通行证。
2. **规范食品生产** 依照产品良好生产操作规程规范产品的生产过程。
3. **提高产品质量** 通过质量体系的建立和有效运行，对产品实现全过程控制，减少质量波动，减少不合格品，从而有效地保证产品质量，提高产品质量的稳定性。
4. **提高管理水平** 规范化管理，对每一项生产活动实施控制。
5. **降低成本** 通过管理体系文件的制定，规范每一位员工的行为，科学、合理地运用资源，减少返工，降低成本，进而提高企业的效益。

## 二、GMP

GMP（good manufacture practice）是一种具有专业特性的品质保证或制造管理体系，是为保障食品安全、质量而制定的贯穿食品生产全过程的一系列措施、方法和技术要求，是一种特别注重生产过程中产品品质与卫生安全的自主性管理制度，是一种具体的产品质量保证体系，其要求工厂在制造、包装及贮运产品等过程的有关人员配置以及建筑、设施、设备等的设置及卫生、制造过程、产品质量等管理均能符合良好生产规范，防止产品在不卫生条件或可能引起污染及品质变坏的环境下生产，减少生产事故的发生，确保产品安全卫生和品质稳定，确保成品的质量符合标准。

GMP要求生产企业应具有良好的生产设备、合理的生产过程、完善的质量管理和严格的检测系统。其主要内容包括：

### (一) 原材料的良好操作规范

1. 进厂的活禽必须来自安全非疫区，兽药使用必须符合国家规定，并经检验、检疫合格，附有关证明。
2. 原材料投入使用前应检查，必要时进行挑选，除去不符合要求的部分及外来杂物。
3. 合格与不合格原材料应分别存放，并有明确醒目的标识加以区分。

4. 原材料应在符合《生产操作规程》或有关标准规定的条件下存放，避免受到污染、损坏。需冻结冷藏的库温保持在−18℃以下，冷却冷藏的库温在0～4℃。

### (二) 生产设备

1. 企业应具备与其生产的产品和加工工艺相适应的生产设备，不同设备的加工能力应互相配套。

2. 生产设备应排列有序，保证生产顺畅、有序进行，避免引起交叉污染。

3. 用于测定、控制或记录的测量记录仪器，应数据准确，并定期校正。

4. 企业应有足够的供风设备，以保证干燥、输送、冷却和吹扫等工序的正常用风。清洁食品接触面及食品表面的压缩空气，应采取措施滤除油分、水分、灰尘、微生物、昆虫和其他杂物。

5. 下列设备（根据生产需要）中与食品接触部分的材质、设计、构造等应符合上列条件：输送设备、处理台或调理工具、洗涤设备、称量设备、标志设备、包装设备、金属检出设备。

6. 肉制品生产企业必须具备与其生产产品品种、产量及生产工艺相适应的生产设备。

### (三) 生产过程的良好操作规范

生产操作应符合安全、卫生的原则，应在尽可能减低有害微生物生长速度和食品污染的控制条件下进行。肉制品加工过程应严格控制理化条件（如时间、温度、水分活度、pH、压力、流速等）及加工条件（如冷冻、冷藏、脱水、热处理及酸化等），以确保不致因机械故障、时间延滞、温度变化及其他因素导致肉制品腐败变质或遭受污染。

1. 易腐败变质的肉制品，应在符合《生产操作规程》或有关标准规定的条件下存放。

2. 应采取有效措施，防止肉制品在生产过程中或在贮存时被二次污染。

3. 用于输送、装载、贮存原材料、半成品、成品的设备、容器及用具，应生熟分开并明确标识，不得交叉使用，以免造成交叉污染。操作、使用与维护各种工具、器具时，应避免对加工过程中或贮存中的肉制品造成污染。与原料或污染物接触过的设备、容器及用具，必须经彻底清洗和消毒，否则不可用于处理肉制品。生产过程中所有盛放半成品的容器不可直接放在地面或已被污染的潮湿表面上，以防溅水污染或由容器底外面污染所引起的间接污染。

4. 对直接或间接接触产品包装的循环冷却水，应保持清洁，定期更换。与肉制品直接接触的冰块，应在卫生条件下制作。

5. 应采取有效措施（如筛网、捕集器、磁铁、电子金属检查器等）防止金属或其他外来杂物混入肉制品中。

6. 即食干制肉制品

（1）原料肉斩拌、切片及各项添加物的添加量应按规定的时间、顺序、温度和添加量进行控制。

（2）烧煮和焙炒应依据实际情况选择加热方式。

（3）为了加速干燥、控制微生物生长，宜采用人工干燥方式。

（4）干制肉制品应有合适包装，如采用真空、充氮、二氧化碳、包装袋内加脱氧剂等方式，以防止产品在贮存、销售期间质量下降。

（5）成品仓库的库温应保持在25℃以下。

7. 油炸肉制品

（1）油炸用油在使用前应进行卫生质量检验，要求熔点低、过氧化值低，符合相关标准要求。

（2）油炸温度一般不超过190℃。

8. 酱卤肉制品

（1）调味、煮制操作应根据产品特性要求分别控制温度和时间，温度控制宜有自动控制装置。

（2）调味程度应配合各工序半成品要求，控制其浓度和调味时间。

（3）蒸煮、调味时，不同规格的原料、半成品则需分开处理。

9. 香肠制品

（1）肥肉、瘦肉及各种添加物应充分混合均匀。

（2）必须严格控制亚硝酸盐的用量。为确保亚硝酸盐分散均匀，添加前应与食盐或糖预混，或者溶于水中，再均匀分散于原料肉中。

（3）腌渍肉应存放于0～4℃的冷库中备用。如需长时间腌渍，应置于冷库中进行。

（4）充填必须粗细一致，以确保干燥均匀。

（5）干燥温度应控制良好，防止滴油。

（6）干燥后的产品冷却后，应迅速包装并冷藏。

（7）包装作业时，必须防止产品再受到污染，包装材料必须符合食品卫生标准。

10. 腌腊肉制品

（1）使用发色剂和发色助剂必须严格控制在国家相关标准允许的范围内。

（2）使用食用盐腌制肉制品，避免铜、铁、铬等金属离子带入肉制品。

（3）烘房应有温度控制装置。

（4）发酵室应控制合适温度、湿度。

11. 熏烧烤肉制品

（1）熏材应选用树脂含量少、烟味好、防腐物质含量多的材料。

（2）烟熏室应设控制空气流动和室内温度的装置。

（3）烧烤加工车间地面应有防滑设施，烤炉应有油烟分离器。

（4）质量检验设备

①应根据原辅料、半成品及产品质量、卫生检验的需要配置检验仪器、设备。

②检验用的仪器、设备，必须定期检定，及时维修、保养，确保检验数据准确。

③企业的检验设备能满足日常原料、半成品、成品的质量、卫生检验需要。必要时可委托权威性的检验机构检验本身无法检测的项目。

④企业应具备下列检验设备：

腌腊制品、火腿制品类：分析天平、分光光度计、烘箱、计量器具、相应配套器皿及试剂。

酱卤肉制品、干制肉制品、油炸肉制品：分析天平、分光光度计、烘箱、天平、灭菌设备、微生物培养箱、无菌室或超净工作台、显微镜、相应配套器皿及试剂。

熏烧烤肉制品类：分析天平、分光光度计、烘箱、灭菌设备、微生物培养箱、无菌室或超净工作台、显微镜、相应配套器皿及试剂。

香肠制品类（中式香肠、灌肠等）：分析天平、分光光度计、烘箱、灭菌设备、微生物培养箱、无菌室或超净工作台、显微镜、相应配套器皿及试剂。

## 三、SSOP

SSOP（sanitation standard operating produce）即卫生标准操作程序，是食品企业为了满足食品安全的要求，在卫生环境和加工要求等方面所需实施的具体程序。SSOP 和 GMP 是进行 HACCP 认证的基础。

## (一) SSOP 的基本内容

1. 与食品或食品表面接触的水的安全或生产用冰的安全。
2. 食品接触表面（包括设备、手套和外衣等）的卫生情况和清洁度。
3. 防止发生交叉污染。
4. 洗手间、消毒设施和厕所设施的卫生保持情况。
5. 防止食品被污染物污染。
6. 化学物质的标记、储存和使用。
7. 员工的健康和个人卫生。
8. 虫害的防治。

## (二) 具体实施要求

1. 水和冰的安全性

(1) 食品加工者必须提供在适宜的温度下足够的饮用水（符合国家饮用水标准）。对于自备水井，通常要认可水井周围环境、深度，井口必须斜离水井以促进适宜的排水。对贮水设备（水塔、储水池、蓄水罐等）要定期进行清洗和消毒。

(2) 对于公共供水系统必须提供供水网络图，并清楚标明出水口编号和管道区分标记。合理地设计供水、废水和污水管道，防止饮用水与污水的交叉污染及虹吸倒流造成的交叉污染。

2. 食品接触表面的清洁　保持食品接触表面清洁是为了防止污染食品。与食品接触的表面一般包括直接接触（加工设备、器具和台案、工作服等）和间接接触（未经清洗消毒的冷库、卫生间的门把手、垃圾箱等）两种。

(1) 食品接触表面在加工前和加工后都应彻底清洁，并在必要时消毒。

(2) 检验者需要判断是否达到了适度的清洁，为此，需要检查和监测难清洗的区域和产品残渣可能出现的区域。

(3) 设备的设计和安装应易于清洁，设计和安装应无粗糙焊缝、破裂和凹陷，表里如一。

(4) 工作服应集中清洗和消毒，应有专用的洗衣房，洗衣设备、能力要与实际相适应，不同区域的工作服要分开。

3. 交叉污染的防止

(1) 人员要求　适宜的对手进行清洗和消毒能防止污染。清洗手的目的是去除有机物质和暂存细菌，所以消毒能有效地减少和消除细菌。

（2）隔离　防止交叉污染的一种方式是工厂的合理选址和车间的合理设计布局。同时注意人流、物流、水流和气流的走向，要从高清洁区到低清洁区，要求人走门、物走传递口。

（3）人员操作　人员操作也能导致产品污染，要格外注意。

4. 手清洁、消毒和卫生间设施的维护　手的清洗和消毒的目的是防止交叉污染。一般的清洗方法和步骤为：清水洗手，擦洗手皂液，用水冲净洗手液，将手浸入消毒液中进行消毒，用清水冲洗，干手。

卫生间的门要能自动关闭，且不能开向加工区。卫生间的便桶周围要密封，否则人员可能在鞋上沾上粪便污物并带进加工区域。

5. 防止外来污染物污染　食品加工企业经常要使用一些化学物质，如润滑剂、燃料。在生产过程中还会产生一些下脚料。下脚料在生产中要加以控制，防止污染食品及包装。良好的卫生条件是保证食品、食品包装材料和食品接触面不被生物的、化学的和物理的污染物污染。

6. 有毒化合物的处理、贮存和使用　食品加工需要特定的有毒物质时，使用时必须小心谨慎，按照产品说明书使用，做到正确标记、贮存安全。

7. 雇员的健康状况　食品加工者（包括检验人员）是直接接触食品的人，其身体健康及卫生状况直接影响食品卫生质量。管理好患病、有外伤或其他身体不适的员工，防止成为食品的微生物污染源。

8. 害虫的灭除和控制　通过害虫传播的食源性疾病的数量巨大，故虫害的防治对食品加工厂至关重要。害虫的灭除和控制包括加工厂（主要是生产区）全范围，甚至包括加工厂周围，重点是厕所、下脚料出口、垃圾箱周围、食堂、贮藏室等。食品和食品加工区域内保持卫生对控制害虫至关重要。

（三）　SSOP 注意要点

1. SSOP 计划应尽可能详细，要有可操作性，其内容不限于上述八项内容。

2. 卫生监控的目的是保证满足 GMP 规定的要求。

3. 卫生监控频率可根据情况而定，但必须在监控计划中做出规定。

4. 监控发现问题时，应立即进行纠正。

5. 除虫、灭鼠应有执行记录，监督检查应有检查记录，纠正行动应有纠正记录。

6. SSOP 的纠偏一般不涉及产品。

7. 卫生监控的内容认为严重和必要时，可列入 HACCP 计划加以控制。

## 四、HACCP 管理体系

HACCP 是 hazard analysis critical control point 英文缩写，即危害分析和关键控制点，是一个为国际认可的、保证食品免受生物性、化学性及物理性危害的预防体系。它主要是通过科学和系统的方法，分析和查找食品生产过程的危害，确定具体的预防控制措施和关键控制点，并实施有效的监控，从而确保产品的安全、卫生质量。

### （一）组建 HACCP 工作小组

HACCP 计划在拟定时，需要事先搜集资料，了解、分析国内、外先进的控制办法。HACCP 小组应由具有不同专业知识的人员组成，必须熟悉企业产品的实际情况，有对不安全因素及其危害分析的知识和能力，能够提出防止危害的方法、技术，并采取可行的监控措施。

### （二）描述产品

对产品及其特性、规格与安全性进行全面描述，内容应包括产品具体成分多少、物理或化学特性、包装、安全信息、加工方法、贮存方法和食用方法等。

### （三）确定产品的预期用途

实施 HACCP 计划的食品应确定其最终消费者，特别要关注特殊消费人群，如老人、儿童、妇女、体弱者或免疫系统有缺陷的人。食品的使用说明书要明示由何类人群消费、食用目的和如何食用等内容。

### （四）绘制和确认生产工艺流程图

工艺流程图要包括从始至终整个 HACCP 计划的范围。流程图包括从原料到销售及消费者使用全过程中各个环节的操作步骤。

### （五）流程图现场验证

HACCP 小组成员在整个生产过程中以"边走边谈"的方式，对生产工艺流程图进行确认。如果有误，应加以修改、调整。如改变操作控制条件、调整配方、改进设备等，应对偏离的地方加以纠正，以确保流程图的准确性、适用性和完整性。工艺流程图是危害分析的基础，不经过现场验证，难以确定其准确性和科学性。

### （六）危害分析及控制办法

在 HACCP 方案中，HACCP 小组应识别生产安全、卫生食品必须排除或要减少到可以接受水平的危害。危害分析是 HACCP 最重要的一环。按食品生产的流程图，HACCP 小组要列出各工艺步骤可能会发生的所有危害及其控制措施，包括有些可能发生的事，如突然停电而延迟加工、半成品临时储存等。危害包括生物性（微生物、昆虫及人为的）、化学性（农药、毒素、化学污染物、药物残留、合成添加剂等）和物理性（杂质、软硬度）的危害。在生产过程中，危害可能是来自于原辅料的、加工工艺的、设备的、包装贮运的、人为的等方面。在危害中尤其是不能允许致病菌的存在与增殖及不可接受的毒素和化学物质的产生。因而危害分析强调要对危害的出现可能、分类、程度进行定性与定量评估。

对食品生产过程中每一个危害都要有对应的、有效的预防措施。这些措施和办法可以排除或减少危害出现，使其达到可接受水平。对于微生物引起的危害，一般是采用：原辅料、半成品的无害化生产，并加以清洗、消毒、冷藏、快速干制、气调等，加工过程采用调 pH 与控制水分活度，实行热力、冻结、发酵，添加抑菌剂、防腐剂、抗氧化剂处理，防止人流、物流交叉污染等重视设备清洗及安全使用，强调操作人员的身体健康、个人卫生和安全生产意识，包装物要达到食品安全要求，贮运过程防止损坏和二次污染。对昆虫、寄生虫等可采用加热、冷冻、辐射、人工剔除、气体调节等。如是化学污染引起，应严格控制产品原辅料的卫生，防止重金属污染和农药残留，不添加人工合成色素与有害添加剂，防止贮藏过程有毒化学成分的产生。如是物理因素引起的伤害，可采用提供质量保证证书、原料严格检测、遮光、去杂抗氧化剂等办法解决。

### （七）确定关键控制点

尽量减少危害是实施 HACCP 的最终目标。可用一个关键控制点去控制多个危害，同样，一种危害也可能需几个关键点去控制，决定关键点是否可以控制主要看是防止、排除或减少到消费者能否接受的水平。关键控制点（CCP）的数量取决于产品工艺的复杂性和性质范围。HACCP 执行人员常采用判断树来认定 CCP，即对工艺流程图中确定的各控制点使用判断树按先后回答每一个问题，按次序进行审定。

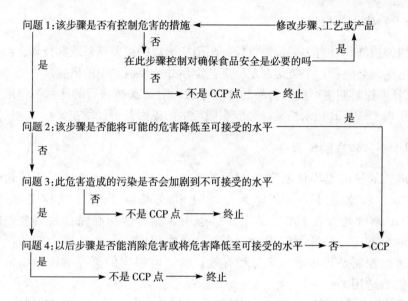

### （八）建立关键控制点的关键限值（CL）和容差（OL）

关键控制限值是一个区别能否接受的标准，即保证食品安全的允许限值。关键控制限值决定了产品的安全与不安全、质量好与坏的区别。关键限值的确定，一般可参考有关法规、标准、文献、实验结果，如果一时找不到适合的限值，实际中应选用一个保守的参数值。在生产实践中，一般不用微生物指标作为关键限值，可考虑用温度、时间、流速、pH、水分含量、盐度、密度等参数。所有用于限值的数据、资料应存档，以作为 HACCP 计划的支持性文件。

### （九）建立起对每个关键控制点进行监测的系统

建立临近程序，目的是跟踪加工操作，识别可能出现的偏差，提出加工控制的书面文件，以便应用监控结果进行加工调整和保持控制，从而确保所有 CCP 都在规定的条件下运行。监控有两种形式：现场监控和非现场监控。监控可以是连续的，也可以是非连续的，即在线监控和离线监控。最佳的方法是连续的即在线监控。非连续监控是点控制，对样品及测定点应有代表性。监控内容应明确，监控制度应可行，监控人员应掌握监控所具有的知识和技能，正确使用好温、湿度计，自动温度控制仪，pH 计，水分活度计及其他生化测定设备。监控过程所获数据、资料应由专门人员进行评价。

### （十）建立纠偏措施

纠偏措施是针对关键控制点控制限值所出现的偏差而采取的行动。纠偏行动要解决两类问题。一类是制定使工艺重新处于控制之中的措施，一类是拟定好 CCP 失控时期生产出的食品的处理办法。对每次所施行的这两类纠偏行为都要记入 HACCP 记录档案，并应明确产生的原因及责任所在。

### （十一）建立验证程序

审核的目的是确认制定的 HACCP 方案的准确性，通过审核得到的信息可以用来改进 HACCP 体系。通过审核可以了解所规定并实施的 HACGP 系统是否处于准确的工作状态中，能否做到确保食品安全。内容包括两个方面：验证所应用的 HACCP 操作程序，是否还适合产品，对工艺危害的控制是否正常、充分和有效；验证所拟定的监控措施和纠偏措施是否仍然适用。

审核时要复查整个 HACCP 计划及其记录档案。验证方法与具体内容包括：要求原辅料、半成品供货方提件产品合格证证明，检测仪器标准并对仪器表校正的记录进行审查，复查 HACCP 计划制定及其记录和有关文件，审查 HACCP 内容体系及工作日记与记录，复查偏差情况和产品处理情况，CCP 记录及其控制是否正常检查，对中间产品和最终产品的微生物检验，评价所制订的目标限值和容差，不合格产品淘汰记录，调查市场供应中与产品有关的意想不到的卫生和腐败问题，复查已知的、假想的消费者对产品的使用情况及反应记录。

### （十二）建立文件和记录档案

记录是采取措施的书面证据，没有记录等于什么都没有做。因此，认真、及时和精确的记录及资料保存是不可缺少的。HACCP 程序应文件化，文件和记录的保存应合乎操作种类和规范。保存的文件有：说明 HACCP 系统的各种措施（手段），用于危害分析采用的数据，与产品安全有关的所做出的决定，监控方法及记录，用于危害分析采用的数据，与产品、安全有关的所做出的决定，监控方法及记录，由操作者签名和审核者签名的监控记录，偏差与纠偏记录，审定报告等及 HACCP 计划表，危害分析工作表，HACCP 执行小组会上报告及总结等。

（十三）回顾 HACCP 计划

在原料、产品、工艺、消费者使用等发生变化前自动引发对 HACCP 的回顾。

# 五、可追溯系统

可追溯系统的产生起因于 1996 年英国疯牛病引发的恐慌，另两起食品安全事件——丹麦的猪肉沙门氏菌污染事件和苏格兰大肠杆菌事件（导致 21 人死亡）也使得欧盟消费者对政府食品安全监管缺乏信心，但这些食品安全危机同时也促进了可追溯系统的建立。为此，禽产品可追溯系统首先在欧盟范围内建立产生。通过食品的可追溯管理可为消费者提供所消费食品更加详尽的信息。专家预言在与动物产品相关的产业链中，实行强制性的动物产品"可追溯"化管理是未来发展的必然，它将成为推动农业贸易发展的潜在动力。

（一）定义

国际食品法典委员会（CAC）与国际标准化组织（ISO）把可追溯性的概念定义为"通过登记的识别码，对商品或行为的历史、使用或位置予以追踪的能力"。可追溯性是利用已记录的标记（这种标识对每一批产品都是唯一的，即标记和被追溯对象有一一对应关系，同时，这类标识已作为记录保存）追溯产品的历史（包括用于该产品的原材料、零部件的来历）、应用情况或所处场所的能力。

据此概念，禽肉产品可追溯管理及其系统的建立、数据收集应包涵整个食物生产链的全过程，从原材料的产地信息到产品的加工过程，直到终端用户的各个环节。禽肉产品实施可追溯管理，能够为消费者提供准确而详细的有关产品的信息，在实践中，"可追溯性"指的是对食品供应体系中食品构成与流向的信息与文件记录系统。

实施可追溯性管理的一个重要方法就是在产品上粘贴可追溯性标签。可追溯性标签记载了食品的可读性标识，通过标签中的编码可方便地到食品数据库中查找有关食品的详细信息。通过可追溯性标签也可帮助企业确定产品的流向，便于对产品进行追踪和管理。

（二）建立可追溯系统的目的

通过容器和产品上的标识（如批次编码、日期、品名等）和有关的记录，识别产品批次及其与原料批次、生产和交付记录的关系。

### （三）可追溯系统的要求

1. 可追溯系统应能够识别直接供方的进料和终产品首次分销途径。

2. 可追溯标识、记录应符合法律法规、顾客的要求。如产品包装上的批次标识、日期标识、保存标识必须符合国家的有关标准。

3. 可追溯性记录的保存期，应足以满足体系评价、潜在不安全产品的处置和撤回的需求，可追溯性记录的保存期应考虑法律、法规、顾客和保质期的要求。

### （四）可追溯系统的管理

1. 明确可追溯要求　实现可追溯性可能会增加成本，但是出于合同要求、法规要求或自身质量、食品安全控制的考虑，应明确规定需追溯的产品、追溯的起点和终点、追溯的范围、标识及记录的方式。

2. 采用唯一性标识　为使产品具有可追溯性，应采用唯一性标识来识别产品的个体或批次。

3. 记录唯一性标识　通过记录可以了解到产品过程条件、人员状态等，一旦发现问题，可以迅速查明原因，采取相应措施。

4. 建立专门的控制系统　一般由食品质量安全部门负责建立和实施可追溯性管理网络，以实现对产品的可追溯性控制。

# 参 考 文 献

蔡正时.2010.几种华北熏鸡的制作 [J].农产品加工 (3)：20-21.

曹程明.2008.肉及肉制品质量安全与卫生操作规范 [M].北京：中国计量出版社.

曹荣安,李良玉,张薇,等.2008.香辣鹅肉火腿加工技术研究 [J].农产品加工·学刊 (1)：16-18.

陈洪龙.2004.几种风鸡的腌制加工 [J].农产品加工 (4)：20-21.

董开发,徐明生.2002.禽产品加工新技术 [M].北京：中国农业出版社.

方刚.1993.电烤鸡制作技术 [J].食品科学 (11)：78-79.

高海燕,朱旻鹏.2010.鹅类产品加工技术 [M].北京：中国轻工业出版社.

顾佩勋.1996.美味鸡肉脯的加工工艺 [J].中国家禽 (10)：40.

蒋爱民,南庆贤.2008.畜产食品工艺学.第2版 [M].北京：中国农业出版社.

靳烨.2004.畜禽食品工艺学 [M].北京：中国轻工业出版社.

孔保华,韩建春.2011.肉品科学与技术 [M].第2版.北京：中国轻工业出版社.

雷力.2011.肉的新鲜度检测方法的研究 [D].长春：吉林大学.

李慧文等.2003.鸡肉制品694例 [M].北京：科学技术出版社.

鲁晓翔.1994.美味鸡片酥的研制 [J].肉类研究 (4)：39.

马美湖,杨慧,蔡丽华.2007.腌制鹅火腿加工技术研究 [J].肉类研究 (10)：22-26.

皮尔逊 (Pearson A. M.),吉勒特 (Gillett T. A.).2004.肉制品加工技术 [M].第3版. 北京：中国轻工业出版社.

芮开长,蔡东.2004.高新技术在肉品加工中的应用综述 [J].安徽农业 (9)：45-46.

孙玉民,罗明.1993.畜禽肉品学 [M].济南：山东科学技术出版社.

陶克容.1998.鹅肥肝的加工技术 [J].四川畜牧兽医 (2)：43.

王卫.2002.现代肉制品加工实用技术 [M].北京：科学技术文献出版社.

解春亭.1997.畜牧概论 [M].北京：中国农业出版社.

杨合超.2002.沟帮子熏鸡的加工制作方法 [J].肉类研究 (3)：19-20

杨义.2006.闰山叫化鸡的加工方法 [J].肉类工业 (5)：4.

杨中华.2003.烤鹅罐头的加工 [J].山东食品科技 (7)：9.

孔保华,马丽珍.2007.肉品科学与技术 [M].北京：中国轻工业出版社.

赵良.2007.罐头食品加工技术 [M].北京：化学工业出版社.

赵雅芝.2009.禽肉蛋实用加工技术 [M].北京：金盾出版社.

郑诗超,余翔,宋来庆.2003.香酥鸡丁的加工工艺 [J].肉类工业 (5)：5-8.

刘诚 . 1985. 畜禽肉罐头加工［M］. 太原：山西人民出版社 .

周光宏 . 2009. 肉品加工学［M］. 北京：中国农业出版社 .

展跃平 . 2006. 肉制品加工技术［M］. 北京：化学工业出版社 .

朱维军 . 2007. 肉品加工技术［M］. 北京：高等教育出版社 .